光 明 城

LUMINOCITY

看 见 我 们 的 未 来

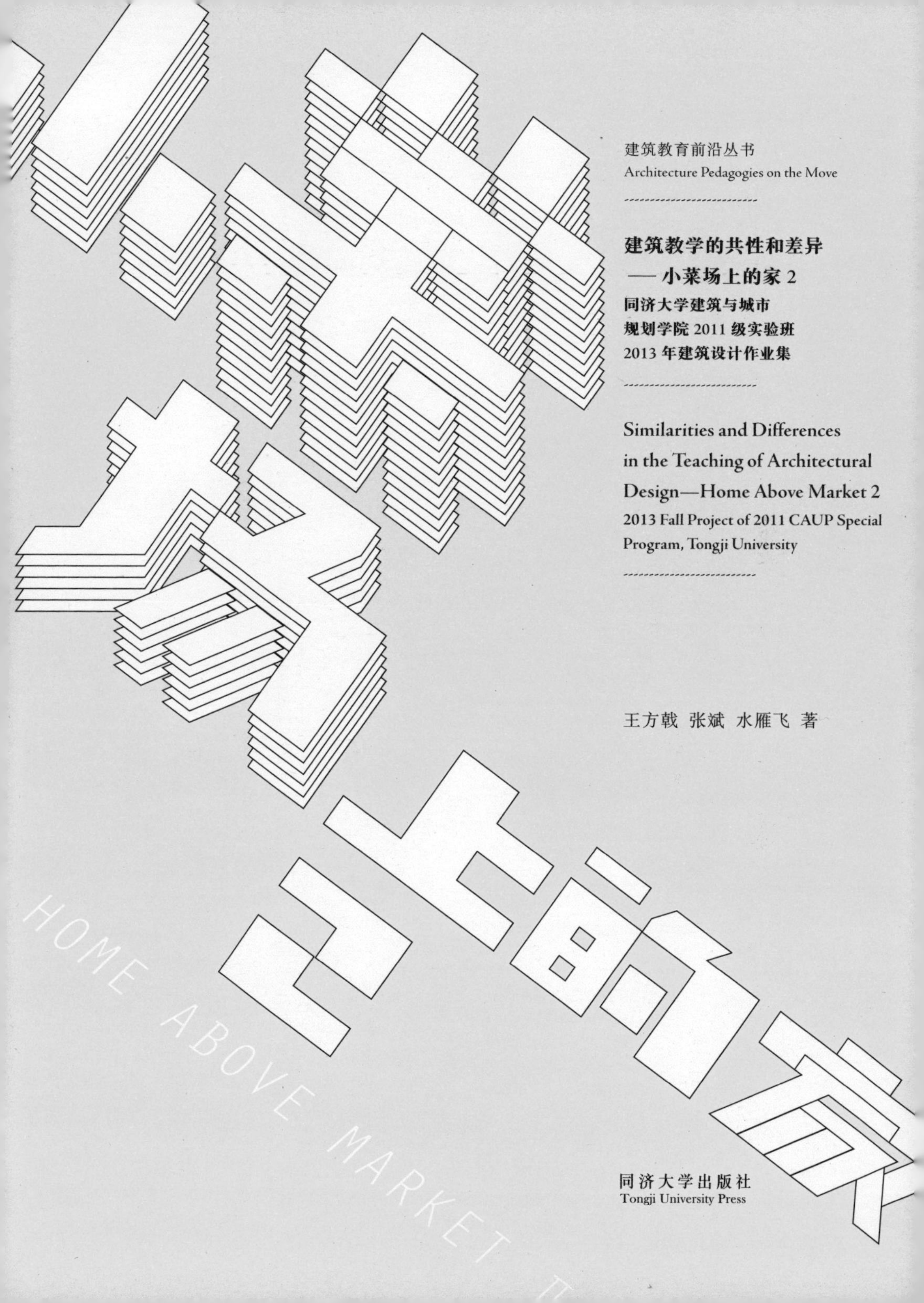

建筑教育前沿丛书
Architecture Pedagogies on the Move

建筑教学的共性和差异
—— 小菜场上的家 2

同济大学建筑与城市
规划学院 2011 级实验班
2013 年建筑设计作业集

Similarities and Differences in the Teaching of Architectural Design—Home Above Market 2

2013 Fall Project of 2011 CAUP Special Program, Tongji University

王方戟 张斌 水雁飞 著

同济大学出版社
Tongji University Press

代序　李振宇的一封信

方戟老师：

谢谢您发来的《建筑教学的共性和差异——小菜场上的家2》校样。我知道，这是2013年同济大学建筑与城市规划学院第二届复合实验班的课程设计过程和成果。我虽然已经有去年拜读《小菜场上的家》(第一辑)的感受和体验，心中却仍然为之感动。

感动之一，老师们对教学的认真，对专业的执着和对学生的热爱，而且是以各自特有的方式进行教学。大学的本质是培养人才，现代大学的理想境界是在研究中培养人才。教师在教学中花大力气研究教学方案，饱满投入，形成教学组鲜明的特色，这是研究中培养人才的基本方式之一。我特别赞成每个教学组都应有自己的过人之处，把老师思考的东西、设计的看家本领在课程上拿出来。教学中还能教学相长，从学生的研究中得到启发，这是最好不过了。此外，还要让学生有选择的余地，在一定程度上，要让学生不光吃"标准套餐"，还要多吃"自助餐"。记得有一次跟一位同行教授争论教学方法，他赞成相对统一标准和教案，以保证质量。我赞成相对区别，发挥教学组的才智和激情，让不同的教授教出不同的精彩，不同的学生做出不同的选择。今天看了您发来的校样，更加坚定了我的信心。实验班的尝试，将来可以为全院的本科生教学开拓新的方式。

感动之二，是我从中感受到一种传承和发展。同济大学本科二三年级的建筑设计教学中，先有冯纪忠先生“花瓶理论”、空间原理的影响；改革开放后有赵秀恒老师等建立的平面构成、空间构成训练体系；后来有莫天伟等老师开展的建筑形态动力学训练方法等。现在张建龙老师等又引导学生关注材料、工艺和技术等，发展可谓源远流长。2004年前后，学院邀请张永和老师来担任客座教授，尝试进行一系列小尺度、大比例的建筑设计训练，对建构和材料特别讲究。到今天，张永和老师担任同济大学的“千人计划”教授，成为实验班的总指导。这个小菜场课题，由中生代的王方戟老师、张斌老师与新生代的客座导师水雁飞建筑师一起指导，可以说是三代同堂，学源多样，体现了“同舟共济”的传统和“博采众长”的风格。

感动之外还有羡慕。特别羡慕方戟老师你们几位，都有小中见大的观察力，细微之处见精神的讲究，以及持之以恒的毅力。过去的三十年，中国发展很快，城市和建筑发展很快。我们的建筑教师包括我在内，大多已经习惯于快速工作，设计喜欢从大处入手，教学中不知不觉过于讲究效率，不管是“有之以为利”还是“无之以为用”，都是太关心“之利之用”了。这本身虽也没错，可是大家都这样就不够了。这个时候你们几位从小处着手的老师与建筑师就尤其难得。你们指导学生关注城市的微更新，重视建构，模型、草图、汇报一丝不苟，教学的各个环节有一对几的辅导、讨论、点评，教学过程全程记录，这实在是太不容易了，堪称强大阵容，豪华配置。也羡慕方戟老师来组织我们学院的实验班教学，建筑、规划、景观三个系的好苗子自愿报名经过选拔来到实验班，名师高徒，相得益彰。拈花微笑，不亦快哉。

感谢您请我作序，我怕写不好，还怕我的性格与文风同这本书的调调不合。后来转念一想，书中本来就在讨论共性和差异，这点文风上的不同应该是可以接受的。正中求变，和而不同。相信方戟、张斌、雁飞老师你们各位一定会有新的更大的成就！

恭祝

教安！

李振宇

教授，同济大学建筑与城市规划学院院长

2015 年 9 月 3 日

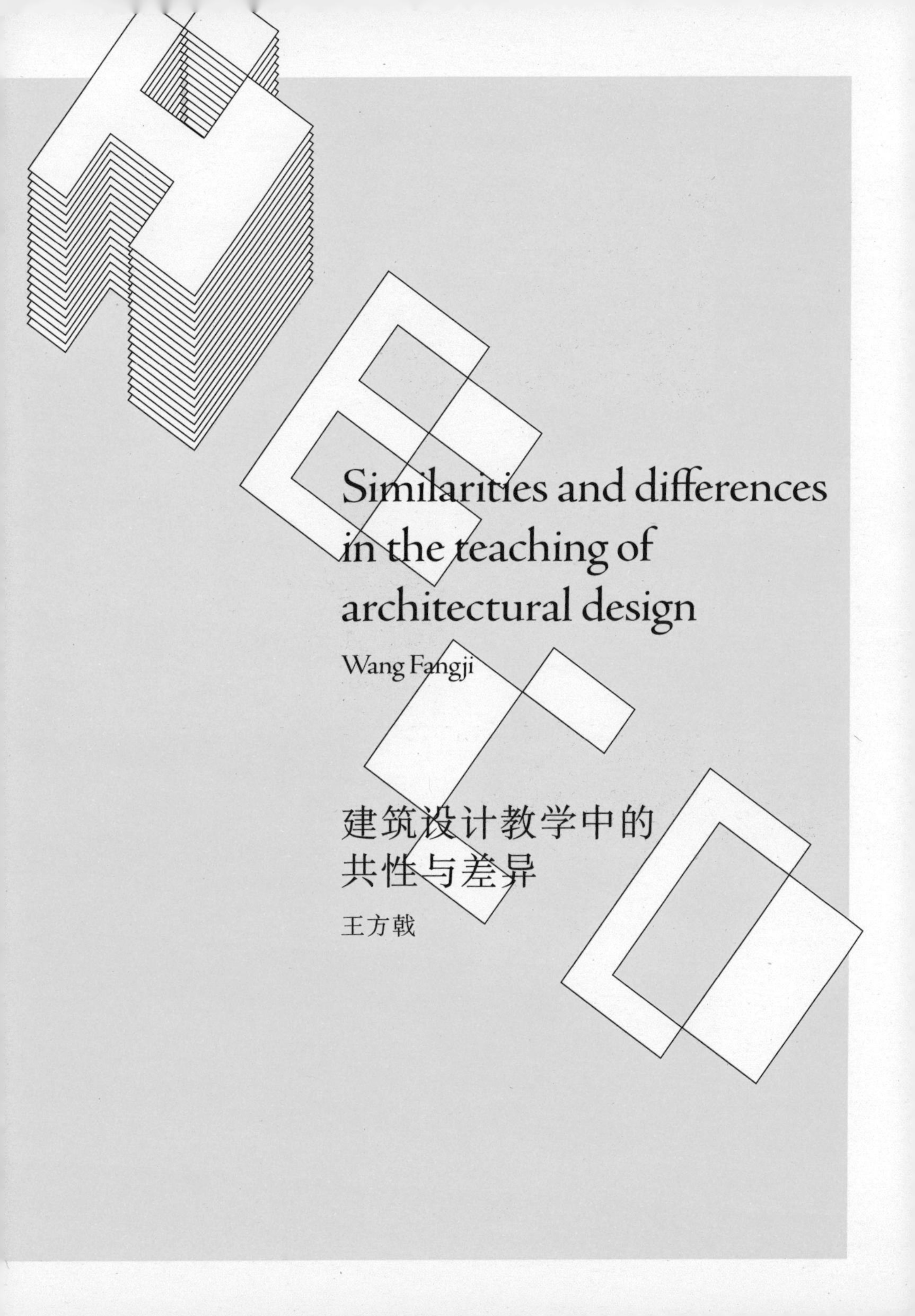

Similarities and differences in the teaching of architectural design

Wang Fangji

建筑设计教学中的共性与差异

王方戟

fig 1-1

fig 1-2

fig 1-3

fig1-1. 2004年2月21日，张永和老师在同济大学建筑与城市规划学院本科四年级“研究建筑界面的分化复合现象以及这种建造可能性在功能重叠时的作用”建筑设计课程中指导学生

fig1-2. 2005年5月26日，安东尼奥·希门尼斯·托雷西亚斯老师在同济大学建筑与城市规划学院本科四年级“甜爱路集合住宅设计”建筑设计课中指导学生

fig1-3. 2010年4月29日，坂本一成老师在同济大学建筑与城市规划学院本科四年级“氛围的载体——同济大学专家公寓综合体建筑设计”建筑设计课程中，与同学讨论建筑与场地的关系

课题及借鉴

Topic and reference

本书是对2013年秋季，同济大学建筑与城市规划学院2011级实验班三年级“小菜场上的家”建筑设计课教学成果的展示，以及围绕这次教学所进行的相关教学讨论的总结。作为一次实验性的设计课程，除了继承及延续同济大学建筑与城市规划学院以往建筑设计课程的教案及教学法之外，也借鉴了学院在近十多年间引进的由优秀建筑师主导的建筑设计系列课程经验，遵循了由这些课程确立的一些基本教学原则。这些课程由具有优秀实践成果，又善于将实践体验及积累传递给学生的建筑师主持。这些教学活动为我们积累了大量教学财富。在这个系列课程中，对本课程教学起到非常大影响的主要有三次课程：2004年由张永和老师指导的本科四年级“研究建筑界面的分化复合现象以及这种建造可能性在功能重叠时的作用”(*fig 1-1*)建筑设计课程，2005年安东尼奥·希门尼斯·托雷西亚斯老师(Antonio Jiménez Torrecillas)指导的本科四年级“甜爱路集合住宅设计”(*fig 1-2*)建筑设计课程，以及2010年期间由坂本一成老师指导的本科四年级“氛围的载体——同济大学专家公寓综合体建筑设计”(*fig 1-3*)建筑设计课程。

以材料及建造为起点

Starting with the material and construction

受同济大学柔性引进计划的资助，在同济大学建筑与城市规划学院的邀请下，张永和老师(*fig 1-4*)于2004年2月至5月为学院四年级学生指导了一门建筑

fig 1-4

fig 1-5

fig1-4. 四川大邑安仁桥馆（2009—2012）。建筑师：非常建筑，张永和。摄影：江攀

fig1-5. 2004年张永和老师指导的建筑设计课中，学生在教室走廊中画1/2比例的建筑设计图

设计课程。课程要求学生在一个虚拟的公园内做一个 30 m^2 的供装置展览与录像投影的信息亭。课题对环境特征没有做过多限定。从课题的名称可以看出，课题要求学生从材料、具体的建造开始对建筑进行研究，并由此构想设计方案。学生应该利用材料在使用时表现出来的特征来确立视觉效果，进而促进建筑中特定功能的发生。课题对建造、材料问题有明确要求。建筑设计教学中如何让没有实际建造经验的学生理解并研究材料及构造，是很多课程尝试的内容。这个课题任务的设置同样围绕此问题展开。为了让学生通过虚拟的课程感受和理解实际建造，张永和老师为学生设置了三个教学内容：第一，学生在设计中需要画详图、做大模型，这种设置在类似的课程中也是有的；第二，为了画出真实的材料及结构，要求学生带着设计上的问题去工地，去五金建材市场看真实的构件，尽量在设计中使用看见过的构件；第三，也是课程中最特殊的地方，任务书要求学生画比例为 1/2 的图纸，而且自始至终用同一张图纸，不允许换纸。这个要求最直接的效果是，由于图纸上建筑构件是实际构件尺寸的一半，现实与图示之间均有对照，图纸有了实体的依据，不至于成为纯粹的抽象象征。另外，这么大的图纸已经无法在绘图桌上绘制，学生不得不通过身体的劳作去制图。这使制图活动像一个预备的建造活动，学生用身体体验了建筑的尺度，并在一定程度上理解了建造的意义 (*fig 1-5*)。

建筑设计课程一般都为学生设置一个由小图到大图逐渐深化的过程。但在这个课程中，任务书要求学生放弃画小草图的设计方法，改为直接在大图

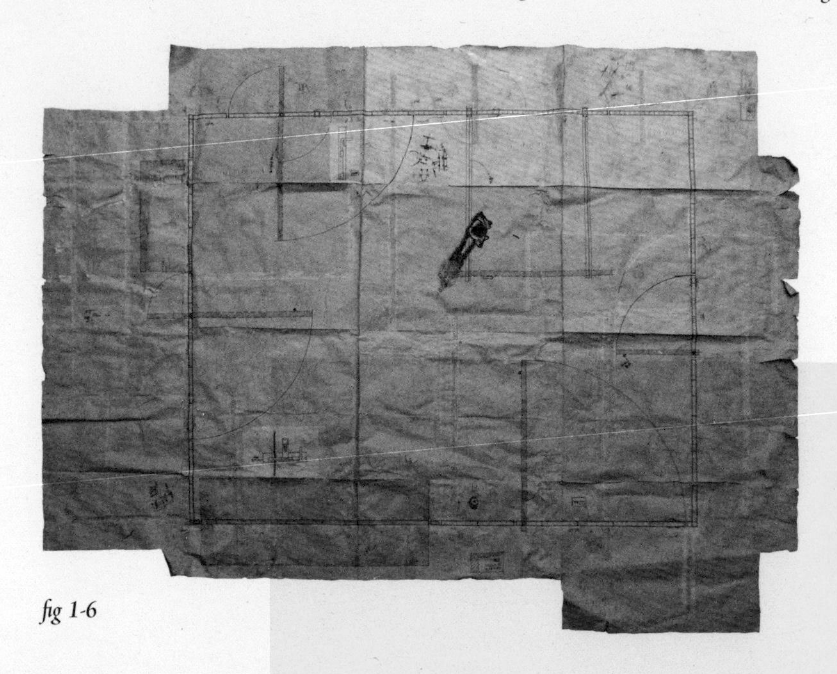

fig 1-6

fig 1-7

fig1-6. 2004 年四年级"研究建筑界面的分化复合现象以及这种建造可能性在功能重叠时的作用"建筑设计课程作业中赵娟同学的部分图纸，1/2 比例

fig1-7. 2004 年 4 月 15 日，四年级"研究建筑界面的分化复合现象以及这种建造可能性在功能重叠时的作用"课程终期评图，赵娟站在 1/2 比例的平面图纸上为评委解释自己的设计。墙上挂着的是 1/2 比例的其他图纸

上进行构想和设计。这样的设置强调建筑设计“概念”在尺度上不必非得从宏观开始，许多针对于微观的思考完全有可能反过来影响宏观的决策。这个课程让学生对自己没有完整成熟的大概念就不进行深化的设计方法进行了质疑。这个从细节及实际尺度开始思考的要求，也培养了学生通过传统工匠式的以实际构件来构想空间的意识。这种意识与他们通过其他课程得到的经验结合在一起，就在他们思想中形成了对建筑更加综合的理解(*fig 1-6, 1-7*)。

本文后面将对此处提及的三个被借鉴课程的共同特征进行总结。“小菜场上的家”课题直接借鉴了这些特征。除了这些共同特征外，由张永和老师指导的课程构建了一个建立在当代材料及建造条件基础上的建筑空间及形式设计意识，与脱离当代建造特性的纯形态讨论形成对比。其以物质为基础的教学讨论出发点，将当代设计中诸多新可能容纳进建筑，使建筑学的外延对学生来说有了很大的拓展。“小菜场上的家”课程在后期的细节设计阶段延续了这种教学讨论，使学生能清醒地理解自己所处时代的特征，并把当代的建造观念与纯形式的趣味联系起来。另外，本课程在教学引导上也借鉴了张永和老师的在课程中不强求在前期必须有一个明确完整的概念，在深入过程中通过不同层次的问题反馈逐渐理清概念的方式。在教学过程中，设计的深化不安排在概念完全清晰明了之后，而是在梳理概念的过程中就开始。设计过程中逐渐浮现出来的次级概念可以被顺利地消化并融入方案，概念也可以为了整体关系更加贴切而进行微调。这样，建筑设计中的概念不仅可以来自中观形态组织的层面，也可以来自更细节的具体问题层面。

建筑中的具体性

The concreteness in architecture

安东尼奥·希门尼斯·托雷西亚斯老师 (*fig 1-8*) 是西班牙知名建筑师，格拉纳达大学（Universidad de Granada）建筑学院的建筑设计教授。受同济大学柔性引进计划的资助，在同济大学建筑与城市规划学院的邀请下，于 2005 年 4 月至 6 月为学院四年级学生指导了一门建筑设计课程。他设置的课题是“甜爱路集合住宅设计”。

各种原因导致甜爱路成为一条对于机动车是尽端，步行却可以环通的尺度较小的街道。街道上车辆不多，加上紧贴鲁迅公园，步行感受非常舒适。虽然由于其特有的氛围及具有象征性的名称，这条街道在今天已经非常出名，但在 2005 年它并没有受到很多人的关注。从当时的地形图上可以看到，它与上海城区内所有较窄的街道一样，为了交通顺畅，被规划部门划出了明显的计划拓宽的范围。不仅如此，街道尽端的端头也计划打通。这并不是一个理想的规划，一旦实施起来甜爱路的特有气氛也就消失了。但是来自规划方面的压力往往很难阻止。注意到这个现象，托雷西亚斯老师在甜爱路计划打通后形成的两个街角上选了两块基地，希望学生能够在这里设置两座集合住宅。他给学生的命题是，即使这条街道被拓宽和打通，是否能通过自己的设计将街道现有的美好感觉以某种方式延续下来，同时创造出这个特定区域中具有特征的住宅。

托雷西亚斯老师将课题分为两个部分，前一部分是对基地的调研及分析，两人一组以小组方式完成。不预设内容，让学生在基地及周围自由体验，并把体验得到的感受用模型及图纸表达出来。学生需要捕捉对场地的真实感受。场地中存在的某些微妙的状态，个人心里在现场中得到的某些细微感受，都可能成为调研成果。后一部分是甜爱路的集合住宅设计。学生从调研中得到线索进而总结出设计概念，并具体落实到场地之中。场地中的景观、与周边每座现有住宅的关联都需要一一考虑。

时间是托雷西亚斯老师建筑思考中最重要的因素。无论是在设计还是教学中，他都非常重视不同因素在时间上延续的可能。这种延续可能是历史文化在建筑中的延续，场地的延续，或者个人经验在设计中的延续。在他看来这种延续具有个性和地区性，是建筑丰富性的保障。他感觉到在媒体化、图像化越来越发达的今天，建筑应该维持住其固有性，而不是沦落为展品。不同层面上延续得到的内容的丰富性可以保证建筑固有性的存在，具有这种丰富性的建筑能够抵御当下往往在自动状态下生成的形式主义潮流。他认为学生们的思路无论多么不现实，其中必定含有一些积极的成分。作为老师，应该将那些埋藏在语言表象下的积极因素诱导出来，而不是当学生提出的想法在口头上尚不成熟时就断然予以否定，这样学生以其特定的性格去把握外界的努力才是可持续的。在教学中他总是会给学生整理自己思路的时间，从而让他们获得某种成长。当然，教学不是毫无选择地鼓励所有思路；重要的是教师以何种立场来引导学生按逻辑对自己的思路进行筛选，确立思路的主次。当学生经

fig 1-8. 格拉纳达何塞格雷罗中心（Centro José Guerrero，1991—2000）。建筑师：安东尼奥 · 希门尼斯 · 托雷西亚斯。这个坐落在稠密老城中由旧印刷厂改造而成的美术馆建筑，通过老房子屋顶上新加的空间，将隐匿在高处、以前无法被公众看见的主教堂侧面的美丽石雕展示出来，为城市创造了一个新的公共观景台

过筛选把思路中积极的因素放大以后，他们的设计成果便能呈现出一种多样性。在课上他会花大量时间听学生阐述自己的见解，然后协助学生整理逻辑，解决问题。他课堂上学生的作业概念涉及不同层次，形式丰富多样（*fig 1-9*）。

通过托雷西亚斯老师的课程，我们认识到建筑设计教学中具体性的价值。其具体性包括：从特定场地的具体事物中阅读出对设计有帮助的信息；从生活的具体现象中提取可以引进到设计中的元素；教学中对每个学生个体性格的欣赏和保护，并在正确的教学思考之下促使他们发挥个性，完成具有差异性的设计成果。对这些内容的借鉴在“小菜场上的家”课程的调研安排和辅导方式上都有体现。

另外，托雷西亚斯老师以积极姿态对待身边的事情。在设计或教学中碰到障碍时，他首先想的不是抱怨这个障碍有多么不好，而是如何以一种建筑学的方法善加利用或解决它，让它变成一个积极因素。他善于在课程中引导学生以同样的方式解决问题，而不是让他们僵持在某种设计小趣味中无法推进设计。我们在这个方面也得到很多启发，教师对任务书的落实要求比较严格，也要学生考虑一些实际的使用状况。这些看似现实的要求除了具有技术训练的目的外，也是为了培养学生以职业精神对待各种现实问题的态度，让他们意识到，建筑师不顾实际状况一味放大自我欲望不是一种职业态度。建筑师的工作应该是积极面对与最初设计思路有冲突的问题，在解决和协调问题的过程中贯彻自己的设计意图。

fig 1-9-a　　*fig 1-9-b*

fig 1-9-c　　*fig 1-9-d*

fig1-9. 2005年托雷西亚斯老师指导的建筑设计课中的学生作业模型

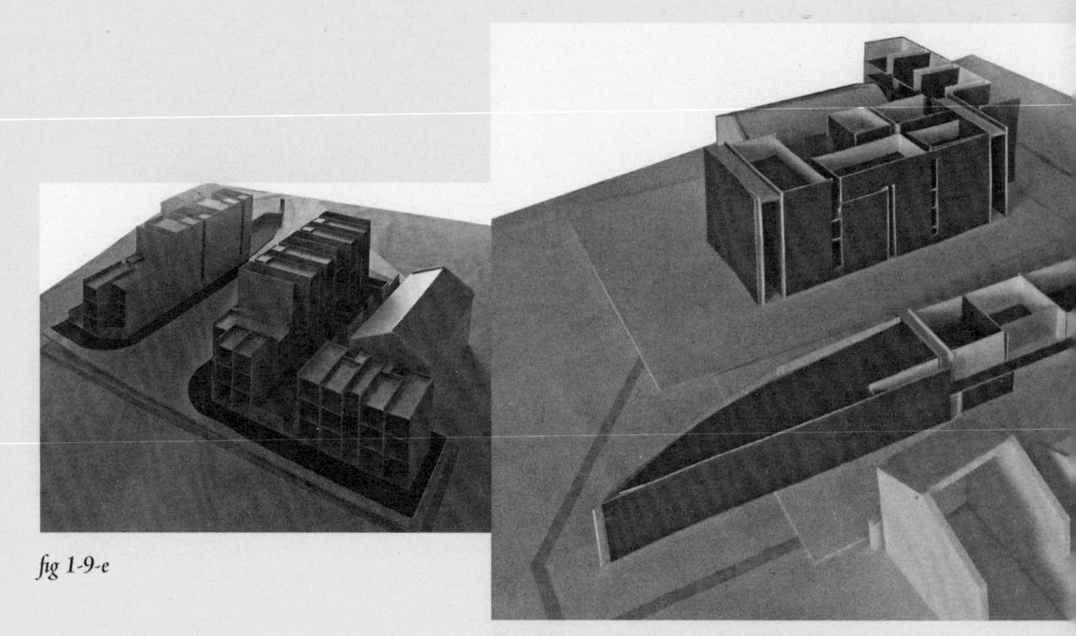

fig 1-9-e

fig 1-9-f

fig 1-9-g

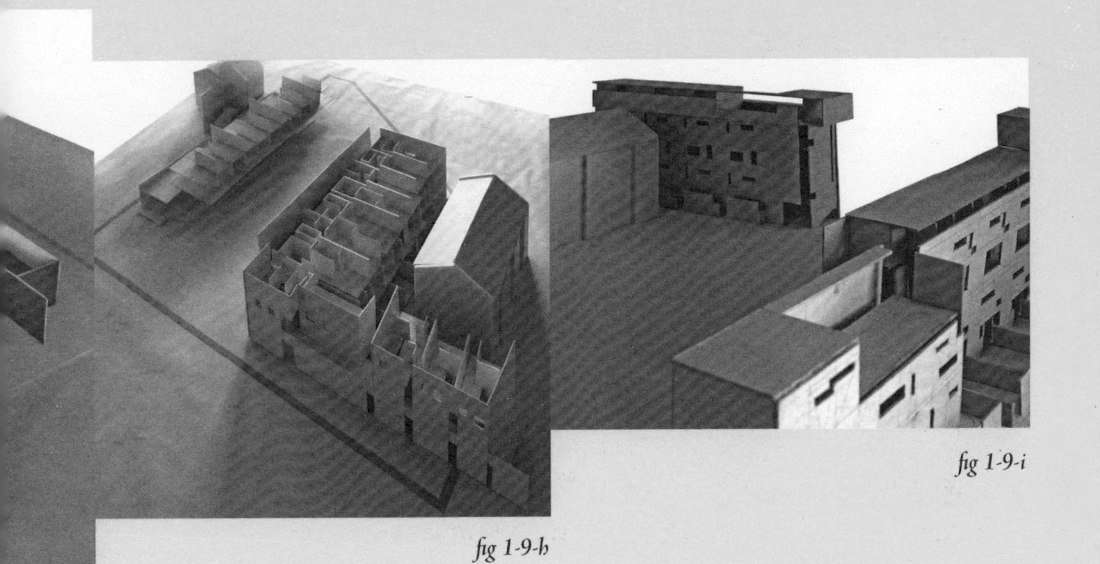

fig 1-9-h

fig 1-9-i

fig 1-9-j

亚洲城市中的当代建筑

Contemporary architecture in Asian cities

坂本一成老师 (*fig 1-10*) 是日本负有盛名的建筑师，退休前为东京工业大学教授。他对当代日本建筑状况的清醒认识以及建立在其上的谨慎实践，吸引了诸多年轻一代日本建筑师，深刻影响着当代日本建筑实践。受同济大学建筑与城市规划学院的邀请，坂本一成老师于 2010 年 4 月至 6 月来学院指导了一门四年级建筑设计课程。

课程基地位于同济大学正门外，四平路与彰武路交叉口附近的一个转角处，同济大学教工住宅区“同济新村”的出入口旁，是同济大学师生出入和活动频繁的区域。新建的 10 号线地铁站在基地边设有出入口。基地面积约 2 700 m^2。任务要求学生设计一个 5 000 m^2 的专家公寓，还需包括咖啡馆、多功能厅、健身房、书店等附属设施。坂本老师在任务书中说，基地周围的城市环境在过去几十年间发生了剧烈变化，在这里设计新的公共建筑不应该仅仅满足于完成功能要求，更重要的是思考它们如何在快速变化的城市环境中起到提升城市活力的作用。同时，既有环境是在特定经济、政治等条件下形成的，对城市空间的积极性没有过周全考虑，具有很多偶然因素，因而新建筑不应该只是既存环境推理分析后的产物，而应该积极地创造具有“场所感”的城市空间。新建筑的设计要在如何促进城市活力及如何让新建筑创造场所这两个方面进行努力。为了将这种要求阐释透彻，他举现代主义时期的建筑为反例，认为现代主义建筑追求的是物本身，无法回应当代社会人对建筑的丰

fig 1-10

fig1-10. 东京代田的町家南立面（1976）。建筑师：坂本一成。在以小尺度民宅为基调的城市空间中，这座住宅既与周围建筑形成连续的关系，但开窗的尺度、位置及关系又打破常规，暗示了内部空间的特殊秩序，并传递出形式上略微的异样感

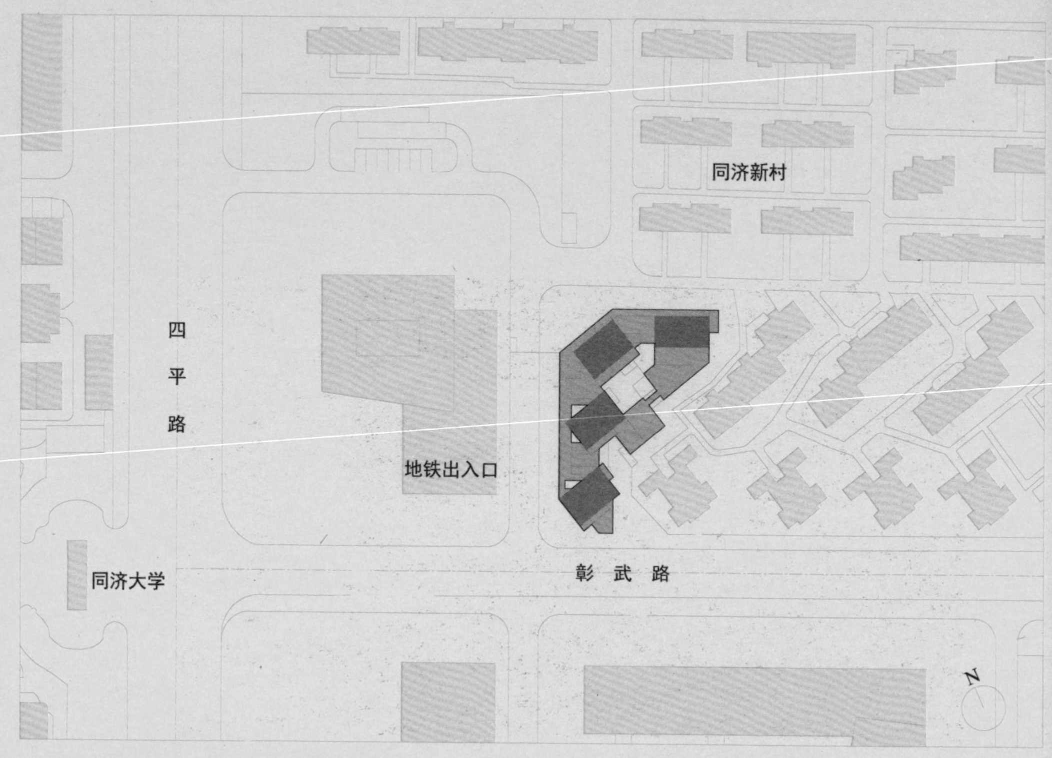

fig 1-11-a

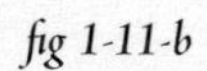

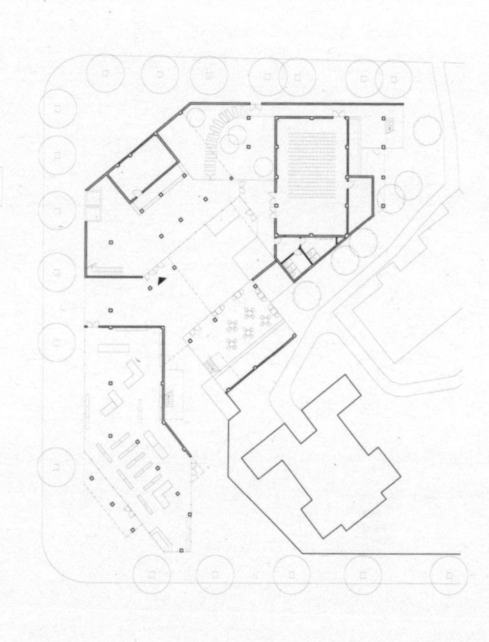

fig 1-11-c

fig1-11. 2010年四年级“同济大学专家公寓综合体建筑设计”作业。(a) 2010年四年级“同济大学专家公寓综合体建筑设计”作业，从总图中可以看到建筑如何在体量上寻找与周围环境的延续关系。设计：杨爽；指导教师：坂本一成教授；(b) 从底层平面的排布上可以看出方案在呼应不同公共性、不同目的的人流问题上的处理，以及公共、半公共空间尺度上的细致排布；(c) 从二层及三层平面上可以读到设计在体量安排、功能布局、流线设置之间平衡的努力富需求；必须将物与其他很多东西平等起来，将诸如身体、场地、城市性等因素结合在一起，建筑才能创造出今天社会需求的那种连续的氛围。因而他将这次的课题命名为“氛围的载体”。

虽然坂本老师在课程中以一个非常清晰的等级顺序来指导学生，但指导的重点是很清楚的。如任务书要求，课程讨论的重点是新建筑介入城市后，在城市中形成什么样的新关系。这个关系主要通过两方面的设计来实现：第一，建筑如何在体量上与周围的城市环境取得连续，而不是让这座普通的建筑在环境中凸显出来，让本已非常混乱的城市环境更加杂乱。在体量的讨论过程中，建筑的具体细节、材料、体量小凹凸等都不涉及；第二，建筑底层平面如何针对不同的人群形成不同的领域感觉，尤其是分析清楚场地中公共人流与建筑的关系，并使底层平面对公共人流形成尽量开放的感觉。通过体量及底层平面的控制，建筑与城市的主要关联便被确定出来。

在平面图上小心界定公共和私密的边界，可以明确建筑给人的心理及领域感知，同时平面图也是研究功能和流线设计的重要工具。所以在讨论建筑的城市关联的同时，各层平面图也开始深化。在体量及平面大致清晰之后，后续的关于空间、结构、构造、材料、设备等的讨论才逐渐展开。后续设计与前期设计相互抵触的地方，需要通过设计的技巧来化解。大量的磨合便是为了获得诸多因素之间关系的平衡。按照这样的步骤一步步地对教学进行控制，最后得到教学成果。(*fig 1-11*)

当代中国建筑专业教学延续了欧美的体系，在教学中参考的多为在西方语境下为西方城市环境设计出来的建筑。然而在中国，不但语境不同，而且由于近年的快速发展大多数当代城市面貌都非常杂乱，这与欧美很多城市的状况是不同的。在这样的环境中，靠个体新建筑在形式上的努力，很难在中国城市中创造出像欧洲中小尺度城市中那种秩序井然、尺度适宜的城市空间。坂本老师的课程提醒我们，要正视这种环境现状，并寻求建筑设计在亚洲城市环境中恰当的切入方式。既然靠优雅的单体建筑形式及空间很难对亚洲城市空间起到决定性的推动作用，坂本老师便避开以形式为中心的建筑设计思考模式，在设计中引入建筑空间中公共或私密程度的因素，并以这个因素与形式的关联来讨论建筑。用这种方法，他将社会性与建筑性结合起来，将人们在城市中移动时的最基本感知与建筑设计联系起来。这种建立在城市真实关系之上的认识方式为我们的课题提供了重要参考。

教学中的共性

The commonness in teaching

虽然前文所提三次课程指导老师的学术背景及专业兴趣都相差很大，但作为有经验的建筑设计教师及优秀的实践建筑师，他们在建筑设计课程的指导理念上体现出共同的特点：

第一、无论从任务设置还是从教学引导上看，三位老师都没有将建筑形态作为课程的核心问题，而是将它放在一个由不同因素构成的大系统中，与这些因素一起讨论。虽然建筑最终以形式为载体得以实现，但建筑与人的关联在很大程度上是单靠形式无法完全解释的。三位老师深知这个建筑学中的基本规律，因此在教学中以各自不同的方式从就形式论形式的漩涡中脱离出来，通过其他因素的介入，让建筑最终以独特的方式回归形式，并让形式具有除了美学意义之外更加丰富的含义。张永和老师的课程从材料及建造出发，使以前往往被认为在形态定了以后才做的"落实"上的事情作为先决条件，让它们反过来推动建筑形态的形成，这样建筑就不再以中观的几何形状为依据而开始了。托雷西亚斯老师让学生在城市中、在场地中、在自己的记忆中搜寻各种线索，让这些线索来引导设计，这些开始的线索也往往不是建筑的形态。坂本一成老师重视总体环境中建筑的存在方式，希望建筑能给人一种无束缚的自由感。单座建筑的形态不是这些课题的焦点。

第二、三次课程以不同的方式向学生传递出建筑设计中尺度与身体概念的重要性。一座建筑有不同的尺度关系，城市的尺度、建造的尺度、形式的尺度、功能的尺度、人的身体尺度。但随着建筑越来越多地被人通过图像媒介阅读和认识，有的建筑师便开始追求建筑在图像中的效果，而忽略了实际中建筑给人身体尺度上的关照。张永和老师让教学中图纸比例与实际尺寸接近，让这种与现实尺寸有关联的图纸将学生的身体带入虚拟的建筑之中，使学生理解自己设计的是一个真切的而不是象征性的建筑。托雷西亚斯老师鼓励学生将个人真切细微的感知以相应尺度带入设计，让学生理解图上的身体的存在。坂本一成老师通过建筑空间中人对公共或私密处境认识的微妙差异，以及空间收放所能带给人的感受来引导学生，让学生理解身体的进入。这也是他自己做设计的重要方法。

第三、课程中每位老师都有自己对建筑很清晰的基本立场，并在一开始把立场及要求告诉学生。在这个立场把控的前提下，老师们最注重的是学生个人在整个教学环节中确立自己方案的逻辑。他们不会设定一个先验的结果，让学生们去接近这个结果，而是让学生充分发挥能动性，按自己的理解去发展方案。学生的方案只要在逻辑上是可行的，对于教学基本要求是满足的，设想的基本点是可以言说并合理的，那就都是可以支持并继续发展下去的。这种教学方法不是以老师比学生懂得更多，需要对学生进行知识灌输的姿态呈现，而是以学生的能动性为基本动力，因而能培养学生在专业上进行理性思维的能力，以及积极主动学习的精神。这样每次方案点评都可以建立在事实、依据和逻辑之上，在教学上避免了以无法言说的教师个人感觉来评价学生方案的状况，因而使教学内容更容易得到学生认同，形成良性的师生互动。

第四、建筑学专业中有很多现成的规则和习惯，但它们可能只是约定俗成，谁也没有想过这些规则是否合理。在三次课程中，老师都要求学生对所有现成规则和习惯有清醒的认识，要学生对它们进行分辨，看它们是否合理，然后确立自己的设计。张永和老师要学生直接思考材料及建造所能得到的形态可能性，而不是用一个没有物质基础的主观形态去找材料满足，通过这种方式拓宽当代建筑的发展可能。托雷西亚斯老师告诉学生设计中的任何一步都不能自动地进行，一定要确信那是确切合理的一步。坂本一成老师认为，设计中阻碍建筑师思考的往往是那些现成的规则，他称之为“制度”，只要打破这些制度，人便会感受到很大的自由感。虽然用词不同，三位老师在突破专业陈规上的意图都是非常明显的。

以上四点是这三次课程的主要特点，也是大多数以建筑设计实践为目的的当代建筑设计课的基本教学原则。本书所记载的课题的任务制订及教学安排，除了延续学院教学计划及教学法外，也遵守了这些原则，在此基础上形成这个课题。

本次课题
The course

课程的任务是“菜场及住宅综合体设计”，基地选在同济大学所在的上海市杨浦区鞍山路与抚顺路交汇处一个普通的街角(*fig 1-12, 1-13*)。课程为期15周，分前后两个部分（表1-1)。前一部分2.5周，被称为“都市稠密地区城市微更新设计”，是一个系统性调研的阶段。希望学生以小组的形式对基地周围城市的居住、菜场、沿街商业进行观察和研究，总结研究报告，在报告的基础上，在场地周围寻找能通过微调大幅提高城市空间品质的点，进行更新设计。他们要争取提出付出相对小的代价，取得较大效果的个人提案。这个部分是将基地调研、任务现状观察、城市空间策划等多方面要求综合起来的练习，最终成果在本书中将有展示。这部分课程全为大课。学生完成的作业向全部同学及老师汇报，汇报的频率较高，并由三位任课教师进行点评。通过密集的汇报与评图，学生之间共享了调研成果，了解自己在调研中未涉及领域的内容，让调研的效率大大提高；教师与学生之间则就当代中国城市内在发展逻辑的认识进行了充分的沟通。

课程后一部分 12.5 周，是在基地上建设一座新的社区菜场及住宅综合体建筑。任务书要求场地内原有国营厂房搬迁，场地内原有居民户数 70% 需要按原建筑面积回迁。课程基地面积 4 710 m^2，要求设计的总建筑面积 5 000 m^2，其中社区菜场 2 000 m^2（包括管理、出租商铺、公共厕所等必需设施，并按规模设置变配电房一间，垃圾压缩站一间），回迁住宅用房 3 000 m^2（包括建筑面积 60 ~ 65 m^2 住宅 32 户，建筑面积 100 ~ 105 m^2 住宅 10 户）。除了通常设计课的要求外，还有对设计深度、构造、材料、细节、设计磨合度等方面的训练要求。这部分成果是本书的主要内容。这部分课程主要是以教师与学生面对面的辅导形式进行的。三位教师每人负责一个小组，每组七位同学。平时课程由老师对学生进行辅导。在课程中有三次评图环节，在其中两次中期评图环节中，学生有机会听到课程辅导老师以及课程外老师对自己方案的评价，从而对自己的方案进行调整。除任课教师外，还有张永和、庄慎、陈屹峰、童明四位老师参加了评图。(*fig 1-14, 1-15*)

所有作业于 2013 年 12 月 19 日至 2014 年 1 月 12 日

fig 1-12-a

fig 1-12. 基地环境照片

fig 1-12-b

fig 1-12-c

四平科技公园
中山北二路
益海佳苑
同济新村
同济大学
同济大学
彰武路校区
彰武路
四平路
鞍山八村
同济大学
建筑设计研究院
基地
鞍山四村
公交新村
鞍山三村

fig 1-13

fig 1-14-b

fig 1-14-a

fig 1-15-b

fig 1-15-a

fig1-14. 2013年10月21日，张永和老师参加第一次中期评图

fig1-15. 2013年11月11日，庄慎、陈屹峰、童明三位老师参加第二次中期评图

期间在同济大学建筑与城市规划学院C楼地下展厅公开展览(*fig 1-16*)。展览开始的第一天，张永和、陈屹峰、刘可南、拉斐尔·古里迪·加西亚（Rafael Guridi García）四位老师与三位任课老师一起，进行了课程最终的评图(*fig 1-17*)。

表 1-1: 课程进度表

周次	时间	课程内容	形式
1	2013.09.09	布置作业 1，教师对作业 1 要求进行讲解，对场地环境进行初步分析	大课、讨论
	2013.09.12	汇报通过个人调研得到的观察切入点。教师按个人作业的切入点方向安排调研分组	汇报、讲评
2	2013.09.16	按调研分组集体汇报调研成果，布置下一阶段个人作业	汇报、讲评
	2013.09.19	开始个人作业，中秋假期	—
3	2013.09.23	作业 1 最终成果汇报，讲评。布置作业 2，要求找相关案例并进行分析	汇报、讲评
	2013.09.26	案例分析讨论，基本概念提出，要求进一步调研，体量模型	小组
4	2013.09.30	概念逻辑讨论，开始基本设计，体量模型及基本布局图	小组
	2013.10.03	个人作业，国庆假期	—
5	2013.10.07	完成概念及深化，国庆假期	—
	2013.10.10	设计深化，1/200 模型，初步技术图纸	小组
6	2013.10.14	1/200 模型，技术图纸	小组
	2013.10.17	1/200 模型，技术图纸，透视	小组
7	2013.10.21	中期汇报 1，张永和老师参加评图	小组
	2013.10.24	按评图内容，由导师辅导对方案进行调整	小组

8	2013.10.28	按评图内容，由导师辅导对方案进行调整	小组
	2013.10.31	1/200 模型，技术图纸，立面效果案例研究	小组
9	2013.11.04	1/200 模型，技术图纸，立面、材料构造及室内设计	小组
	2013.11.07	汇报准备	小组
10	2013.11.11	中期汇报 2，庄慎、陈屹峰、童明为课程进行评图。设计各方面基本完成，模型 1/200，技术图纸完备	评图
	2013.11.14	按评图综合评价对方案进行调整	小组
11	2013.11.18	调整后定稿及深化	小组
	2013.11.21	立面及构造深化设计， 1/50 墙身剖面开始	小组
12	2013.11.25	1/100 模型开始，各图纸综合，街景透视开始	小组
	2013.11.28	1/100 模型制作，各图纸综合，街景透视	小组
13	2013.12.02	1/100 模型制作，集体做 1/100 场地模型， 1/50 墙身剖面完成	小组
	2013.12.05	1/100 模型制作，集体 1/100 场地模型完成，内部透视开始	小组
14	2013.12.09	1/100 模型完成，模型拍照，内部透视完成	小组
	2013.12.12	最后渲染及调整，修改图纸，分析图，模型拍照	小组
15	2013.12.16	最后渲染及调整，修改图纸，分析图，图纸排版	小组
	2013.12.18	打印，布展	个人
	2013.12.19	展览，张永和、陈屹峰、刘可南、拉斐尔 · 古里迪 · 加西亚老师参加最终评图	评图

fig 1-16-a

fig 1-16-b

fig 1-17

fig1-16. 2013年12月19日，张永和、陈屹峰、刘可南、拉斐尔·古里迪·加西亚四位老师及三位任课老师在展览现场参加终期评图
fig1-17. 2013年12月19日至2014年1月12日，本次课程所有作业在同济大学建筑与城市规划学院C楼展厅举办公开展览

这个课程选择菜场及住宅作为主要任务有多方面的考虑。首先，随着当代建筑功能复杂度的提高，建筑设计不仅需要实现任务书的要求，更需要对任务的内容、性质、可靠度等因素进行积极的理解，并从一个宏观的立场对建筑与任务之间的关联提出建议。在教学中，除了给学生设定一个任务外，我们更希望学生对任务本身进行分析研究，并对任务提出更有建设性的改进建议。菜场是城市中最具活力的公共空间，学生可以在这里自由地进行调研，并以调研、亲身体验和观察为基础对任务提出新的设想。住宅是学生具有非常多亲身经验的建筑，对于它，他们也可能提出新的设想。

其次，菜场与住宅是城市中最公共与最私密的代表。在有限的城市基地中将这两种功能并置，它们之间会出现一种不同层级公共与私有相互叠加的相对复杂的空间结构。课程希望学生能够在构思这样的空间结构的同时，把握住空间的公私属性与人对空间心理认同之间的关系。对这种关系的理解力是组织当代都市建筑空间设计的重要能力，对于学生适应在当代城市中进行建筑设计具有重要意义。

最后，菜场的空间组织关系在城市的发展过程中一直有很大的变化。参考其他地区的菜场后可以预见，城市中菜场的空间组织关系随着城市发展很可能有新的提升。作为建筑师，应该从专业的角度对这种变化提出见解，促使其往更好的方向发展。这个作业是这种尝试的一个部分，也可以使学生理解，对建筑及城市未来发展的积极设想是专业学习中的一个重要内容。

因此我们选择了菜场及住宅作为课程的主要任务，并在同济大学建筑与城市规划学院的建筑设计教学传承，以及包括前述三次引进课程在内的很多课程的影响下确定了本次课题。相对于前述三次课程，我们的课程也有一些不同的地方。最主要的差别是，前述三个课题都是四年级的课题。四年或五年建筑学教育过程可以被分为两个阶段，首先是对学生建筑学基本意识的培养阶段，应占两年半左右的时间；剩下的时间是学生拓展及加深对建筑的认识，并让学生接触到不同建筑师、不同建筑观念的阶段。作为四年级的课程，前面三个课题让指导教师在课程设置上充分发挥，让学生在课题中理解不同建筑师的不同思考方式，从老师的差异性中进行学习，最终确立自己的建筑观念。与之不同，我们的课题是三年级的第一课题，处于基础训练向专业设计转换的阶段，因而这个课题的任务是让学生树立更加全面、完整的建筑观念。课程的完整性，学生对建筑中不同问题理解的全面性是课程的重点。因此，课程设置让学生按顺序及问题等级完成一个全过程完整的课题，课题周期比大多数课题长，达 15 周。调研部分占 2.5 周的时间，以强调其重要性，其后按照顺序对概念、基地、体量、功能、动线、空间、结构、造型、构造及细节、图纸表现、表达等因素依次进行讨论。这种形式的长课题可以使学生对所学的建筑学知识及设计技巧进行梳理，形成相对正确的基本建筑观念，以便于他们继续接受高年级在个别方面要求更高的设计训练。

另外，本课程是同济大学建筑与城市规划学院“复合型创新人才实验班”的建筑设计课，除了课程教学外还需要有教学实践上的一些探索，为相应的设计教学提供前期经验。课程需要探索的内容有：设计教学如何更加贴近中国当代建筑设计实践，建筑设计教学中引进实践建筑师与设计教学体系之间如何进行平衡，如何在建筑设计教学中体现复合教学。本课题是这个实验课题的第二次教学。通过这两次以及以后课题的不断探索，我们将摸索和总结教学经验，达到实验班的实验目的。

实验班

Design studio of special program

“复合型创新人才实验班”是同济大学建筑与城市规划学院为本科跨专业培养模式的探索而设置的班级及课程。这个计划从 2011 年开始，此次为该计划的第二届。这个班级由来自建筑、规划、景观、室内四个专业方向的 21 名本科生组成。他们从二年级第二学期开始到四年级第一学期结束，在实验班中完成两个学年的学习，结束后回到各自专业完成剩余课程。在实验班学习期间，他们要共同学习各专业的相关课程。

实验班由国家“千人计划”引进同济大学建筑与城市规划学院的张永和教授为领衔教授。设计课是实验班的核心课程，由院内外的老师共同负责。来自各专业的田宝江、钮心毅、周向频、董楠楠、王方戟、胡滨、章明、王凯、王红军、岑伟等教师组成院内的教学团队，来自不同设计机构的七位实践建筑师——柳亦春（大舍建筑）、张斌（致正建筑）、庄慎（阿克米星）、祝晓峰（山水秀）、王彦（绿环建筑）、水雁飞（直造建筑）、王飞（加十设计）组成客座教学团队。

在两年的学习过程中，实验班的学生要参加七个设计训练课题。课题的命题由课题组共同制订，并形成一个系统的设计教学体系，每个课题的教师在大的设计教学体系框架下进行教学。

第一个课题为期 15 周，是二年级下半学期的基础训练。该课题将建筑设计分成体量研究、立面形态研究、内部空间研究、特定城市环境中的形态设计等环节进行训练，最后以一个小型的综合课题将这些研究整合起来。

第二个课题为期 15 周，是三年级上半学期的菜场及住宅综合体设计训练，本书记述的便是这个课题。

第三个课题为期 8.5 周，是在复杂城市环境条件下的大型城市公共建筑，除了设计规模比前面的课题更大外，也增加了结构、构造上的要求，并有专业结构老师协助课程教学。

第四个课题为期 8.5 周，是城市边缘地带城市功能及空间更新的规划设计，规模及思考对象范围被继续放大。

第五个课题为期 2 周，是暑期联合设计，实验班同学在本校教师及国际知名建筑院校教师的共同指导下，在境外按当地条件完成一个建筑设计。该课程让学生暴露在不同的文化环境中，并体验不同的教学方法。

第六个课题为期 8.5 周，是城市公园中的景观设计，通过一个专项设计让学生对环境、景观有更加深入的理解。

第七个也就是学生在实验班中完成的最后一个课题，为期 8.5 周，是一个综合性设计训练，学生根据自己学习的体会，按照自己的兴趣和专业背景自由设定课题，通过导师组的审核后就可以自行深化。

课程过程中，导师组共听取学生两次汇报，一次最终评图，不另外对学生进行辅导。这个课题要求学生综合整个实验班学习期间的学习所得，并表现出学生的主动性。

本书展示的 2011 级实验班三年级第一学期的建筑设计课程成果，任课教师为王方戟、张斌和水雁飞。来自马德里理工大学的访问学者拉斐尔 · 古里迪 · 加西亚教授也参加了部分课程的授课。学生包括景观专业的吴潇、胡佳林、曹诗敏、戴乔奇、宋睿，城市规划专业的韦寒雪、谢超、王旻烨，建筑学专业的蔡宣皓、唐韵、张灏宸、夏孔深、王轶、伍雨禾、严珂、韩雪松、陈迪佳、刘庆、黄艺杰，以及建筑室内设计方向的王雨林。

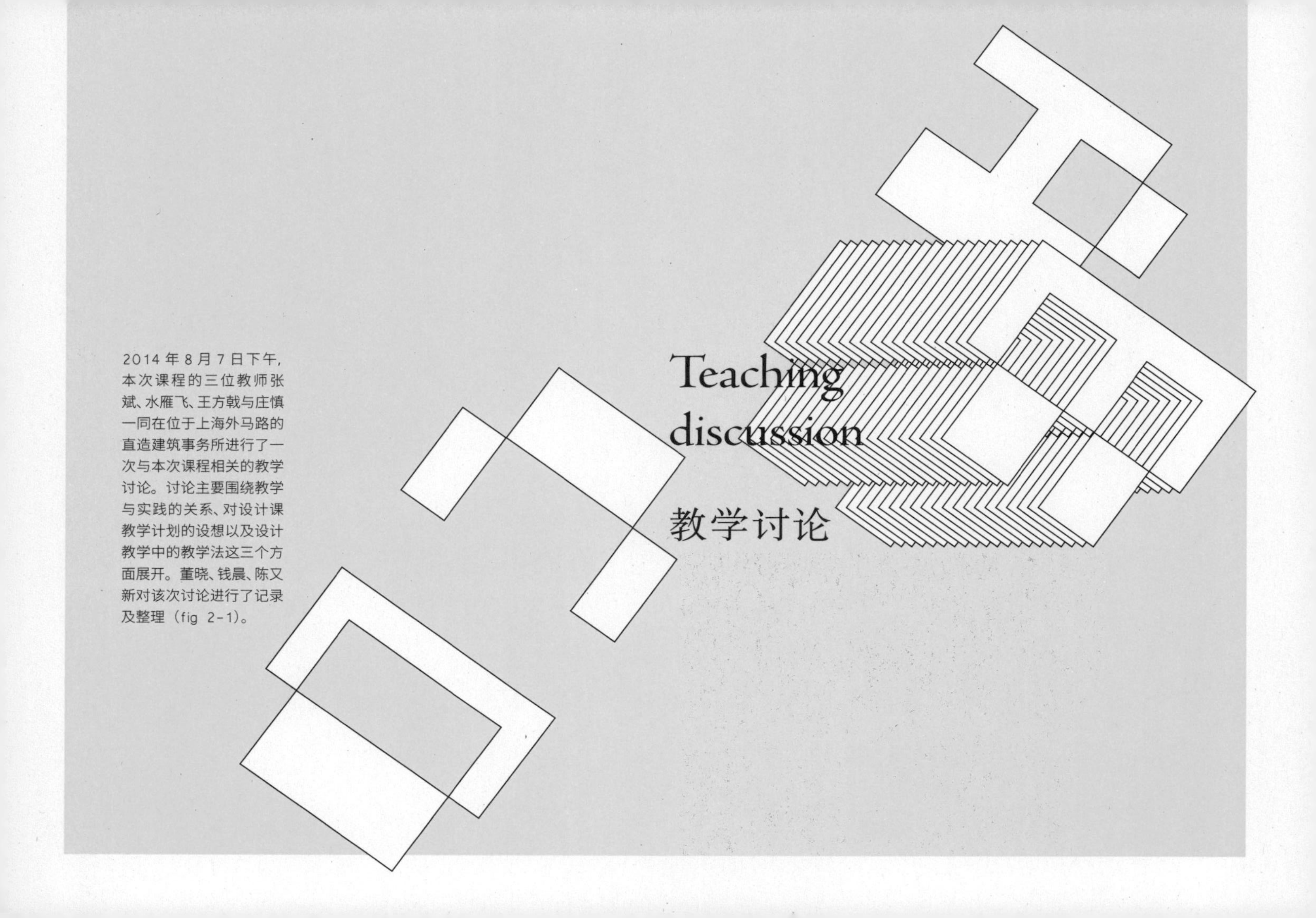

Teaching discussion

教学讨论

2014 年 8 月 7 日下午，本次课程的三位教师张斌、水雁飞、王方戟与庄慎一同在位于上海外马路的直造建筑事务所进行了一次与本次课程相关的教学讨论。讨论主要围绕教学与实践的关系、对设计课教学计划的设想以及设计教学中的教学法这三个方面展开。董晓、钱晨、陈又新对该次讨论进行了记录及整理（fig 2-1）。

fig 2-1

2014 年 8 月 7 日下午，张斌、水雁飞、王方戟与庄慎一同在位于上海外马路的直造建筑事务所进行了一次与本次课程相关的教学讨论

话题一　教学与实践
Topic 1　Teaching and practice

王方戟　我们先从做设计和带设计课的区别来开始这次讨论吧？张老师对这个话题是怎么看的呢？

张斌　我自己做设计和带设计课的区别大于共通。教学是循序渐进的，一个阶段解决一个阶段的问题。而大多数实际项目则没有办法循序渐进，经过一些可能性的探讨后设计便有了一个综合的判断，一旦确定了思路，设计团队就要一个个地解决问题。虽然有些问题暂时没有完全解决，但解决的路径已经考虑好了。如何解决，什么时候解决，解决的大概路径在哪里，这在一开始的想法里就涵盖了。它不会像学生作业那样前后可以没那么有关系。老师很难要求学生一开始就把后面的事情想好；而有经验的建筑师，思考不会是循序渐进的，而是一开始就是综合性的。某个思路只有全想清楚了，我才敢深入做。哪怕某个问题没有解决掉，但我知道我能解决，那也可以认为是想清楚了。对学生来说，不可能有这个状态。他会在一个阶段解决一个阶段的问题，某些阶段把某些问题纯粹化，拉出来单独强化。做实际项目时看似也同样有阶段性成果，概念方案、方案、扩初、施工图，但做概念方案时完全不考虑实施是不可能的。学生没有实施的经验，要求他们像实际实践时那样，是做不到而且也没必要的。学生设计的前后连贯性主要看个人能力，或者某种巧合；就算能力很强的学生，也不能保证他每次设计中前后都可以连贯起来，他可能在课程中也会推倒重来。但在实际项目中这种情况很少。在中国做项目，实际情况是即使方案通过了，也会因为各种各样的原因一直在改，但我们要做到再怎么改也要走在开始定的那条路上，不会把它推倒重来。这种设计方法和教学中的思考不大一样。教学中会把设计的边界切得比较干净，比如政治性、偶然性的东西就不让学生去考虑了。我不太追究学生想法本身的切实性，只要这个想法能自圆其说，基本会鼓励他们做下去。这也意味着教学中的方案常常是每一阶段只考虑一个重点，其他部分随后再考虑。这是我觉得教学与实践最大的区别。当然，教学中还是需要分阶段思考的，没有这个，就很难训练学生进行设计的思考，不能让学生脑子里随时都装着具体问题来思考建筑。

庄慎　我上学期带实验班三年级的“架构与覆盖”设计作业。教学时老师要给学生讲清楚事情，自己就不得不考虑一些东西。我以前是不大考虑架构、覆盖这样的问题的。但教学的时候，我和学生一起去思考这样一个将结构与空间结合起来的命题，这些思考促使我们在实践中的考虑。后来我们在前滩用相似的结构概念做了一个设计。(fig 2-2) 这个项目有6.5m的限高，这样的高度要做商业建筑很尴尬，一层嫌高，两层嫌矮。结合这个限制，我们做了一个复合了结构高度的空间，在二层做了一个钢桁架空间，底层做两个小的实体建筑作为主要支撑点，

fig 2-2

上海前滩休闲公园 3 号建筑模型，2014 年至今。
建筑师：上海阿科米星建筑设计事务所有限公司

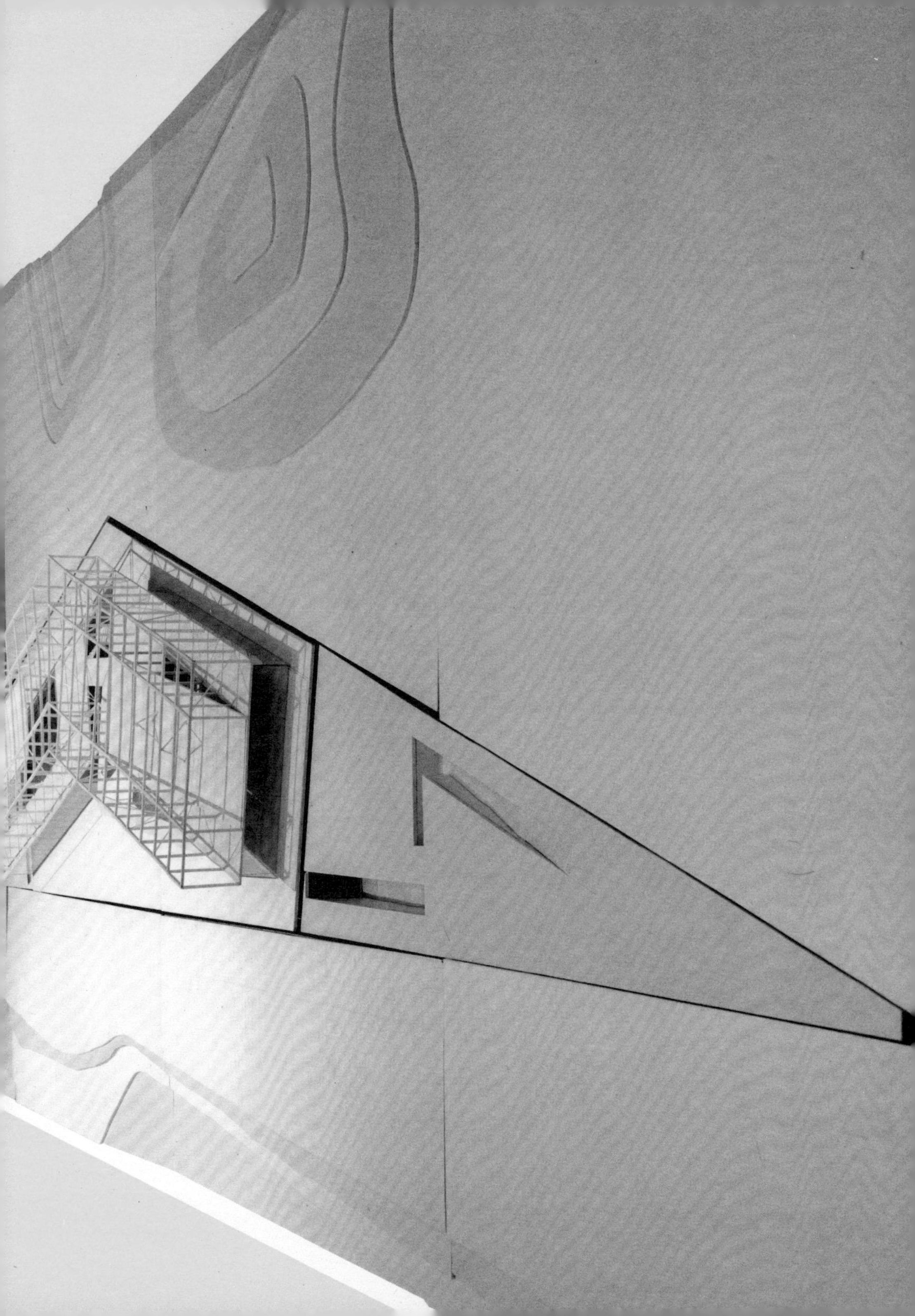

把二层的大跨桁架撑起来。桁架的结构杆件小，结构中有可以利用的模糊空间。底层实体建筑中有一部分凸进桁架空间，有一部分摆在桁架空间下面。桁架空间里一部分是从下面顶上来的空间，一部分是露天的空间。无形中我是有意识做了这样一个有关结构的设计。学生们做了这个设计，我们也做了这样一个项目。有些概念在教学的时候会去想一下，它会指导一些实践。

王方戟　教学任务中有了“架构与覆盖”这样一个要求后，就会引导学生用这个概念去实现某种功能。像图书馆这种建筑，本来不需要与架构或覆盖有关联。一旦课题中强调了这种结构上的要求，设计成果中自然也就出现了某些按以前的设计习惯不太会出现的东西。你刚才说的东西是不是能理解成，这种靠概念推动教学的方法对设计实践也会产生积极的意义？

庄慎　我觉得教学中会设定一些和平常实践有差异性的设计方向。比如说，在我们城市里未必会遇到“小菜场上的家”这样的题材，目前很多小菜场都是结合更大规模的住宅区来实施的，未必会需要考虑在小菜场上有个怎样的住宅。这个题目有一点实际，又有一点抽象，能把概念推到平时遇不到的境地去思考。这是教学与实践的差别。教学中考虑的一些问题在一般实践中未必会碰到，但确实又是从实际中生发出来的，需要去考虑的问题。从这个角度来讲，教学让我们去思考一些极端状况下的现实。

但同时也并非说我在教学中探讨过的东西就一定要用在实践里。刚才讲的那个项目的设计条件中限高是个蛮有意思的事情，也是一种极端的情况。利用跟学生讨论过的概念正好可以解决这个问题，也算是一种巧合。不是所有项目都会碰到这样尴尬的限高。很凑巧的就是这两种对日常来说有点极端的状况之间发生了联系。教学就是这样一种跟日常分离出来又有点非日常的东西，它会把思考放到不一样的背景里面。

王方戟　那你认为教学对教师自己的实践是有促进作用的？

庄慎　那是肯定的。拿到“架构与覆盖”这个题目的时候，同学们多少会产生一些解读上的困惑，会疑惑这个结构应该是更概念性的还是更表现性的。他们会问，这个设计是不是要做一个漂亮的结构，或者一个很牛的结构呢？与他们一同学习下来，我感觉这个课题是鼓励大家做一个有用的、和功能结合在一起的结构。教学中的这些思考也影响到了我实际的设计，要是没有这次教学上的思考，我不会那么快就决定用这样一个结构形式去做。

水雁飞　我教学经历不长。第一次带的是二年级的幼儿园设计，那时候带课感觉有点像自己在做设计。对于方案的不同可能性带来的差异有一个相对优劣排序的假定，所以在与学生的讨论过程中，就不自觉地引入了自己的设想，而互动的状态就会比较单向。这和我自己所受的教育也有关。我们会不自觉地假定某种最理想的方案（一种相对静态的目标），而后种种努力也基本围绕如何维持这种想象来展开。我回国后第一个实践项目，铜铃古铜矿遗址博物馆，也呈现出类似的情况。那时的思考更多从建筑师本位的角度出发，比较抗拒实际过程中其他偶发因素的介入。如果硬扛下来，设计就会越做越紧，我们所欣赏的那种自然而然的状态也就消失了。比如，博物馆刚开始设想的是承重墙体系，后来因为内部空间多向交错的连续性逐渐成为主导，墙体被过分切削，结构体系就不得不转变为框架体系。但我们没能很主动地应对这个改变，为了坚持内部空间，就不可避免地产生了内外双层墙的体系，用这个夹层空间来消解柱子。最后我们仅在南侧庭院的外墙一处暴露了真实的结构体系，算是一种补救。通过这个项目我认识到，在实践中项目各种条件都可能发生变化，在处理时应该学会让事情自然地发展，建立一种变通的态度。肯定会有些东西出乎你开始的想象，但如果它介入恰当，可能反而让方案更合理，更实用。实践中的这些体验也促进了我对教学的认识。

另一方面，我也一直在观察王老师和张老师在教学中所传递的态度和方式。两位老师以前就是我的大学老师，所以也是再次学习。比如首先要善于站在学生的立场上去看待设计，并尽量保持学生思考及方案的多样性，不会为了成果上的某种整体呈现，而抹杀学生在教学中可以顺其自然发展的可能性。所以我在后来的教学中也有所调整。

经过两年实践与教学的平行展开，对我个人而言也是再次梳理了对待设计的态度。现在面对设计时，我会尽可能为它留出足够的空间及时间，保持一种松弛的状态，让它能够自己生长，最后达到各种相关条件之间的平衡。虽然这么做也不总是成功，但我们还是改变了做设计的方式，开始时制定一个让各种条件进行互动的策略，最后结合这些条件将设计推向最终成果，而不是在脑子里设想一个具体的、先验的设计，朝这个目标去努力。这样，起点是一个相对空白的状态，而后才逐渐判断出设计中哪些层面需要调整，最后得到一个比较综合的结果。

另外，目前在做项目的时候，我们会展开一些相对具体的研究，用研究来推动设计的结果。这样也就逐渐不需要拍脑袋想设计了。

王方戟　怎么个研究法？

水雁飞　研究本身其实还是相当基础的。比如在庙湾岛渔村的改造项目中 (fig 2-3)，我们调查了一些原来的交通方式、房间的价位、能源的消耗以及地质地貌等。在半年内，我们的研究团队多次实地勘测，到每个相关部门收集资料，咨询划归无人岛之前的原住民等等。这种比较落实的小范围研究对业主来说也比较有益。海岛特有的极端的强台风天气，成为非常重要的考虑因素。

王方戟　我理解刚才水老师是说原来我们做设计都会设定一个目标，设计团队都往这个目标努力，一起去实现它。而通过教学他意识到，设计实践中不一定必须设一个目标，在项目发展过程中，总会有某些机会出现。设计中可以利用这些机会，最后逐渐达到某个目标。另外，通过教学也理解到，研究和实践是可以平行进行的。研究不一定要首先指向一个特定的成果。

水雁飞　我觉得有了比较实际的研究，也能相对容易地说服业主。在庙湾岛前期，我们实际上是用建筑师的手段重新梳理了任务书，以一些实实在在的数据作为依据，比如密度与风速的关系，极端天气的强降雨，为什么建筑的形式需要是聚合的，把大部分公共空间挤到室外去，原来渔村南侧的台地为

什么要尽可能保留利用，等等。这样出来的设计被接受度就会高一些。

王方戟　各位老师说的几点我都深有同感。大多数实际项目留给设计概念的时间都不长，碰见这种情况我们就会像张斌老师说的那样，在直觉和经验的把握之下，利用很短的时间整理出一个从概念到实施都基本协调到位的设计，然后就按照这样的思路做下去。有的时候项目有一定的周期，这时也许就能像水老师说的那样，以前期研究为起点来推导设计。庄老师提到了在教学中讨论的概念，对实践也可能起到推动作用。

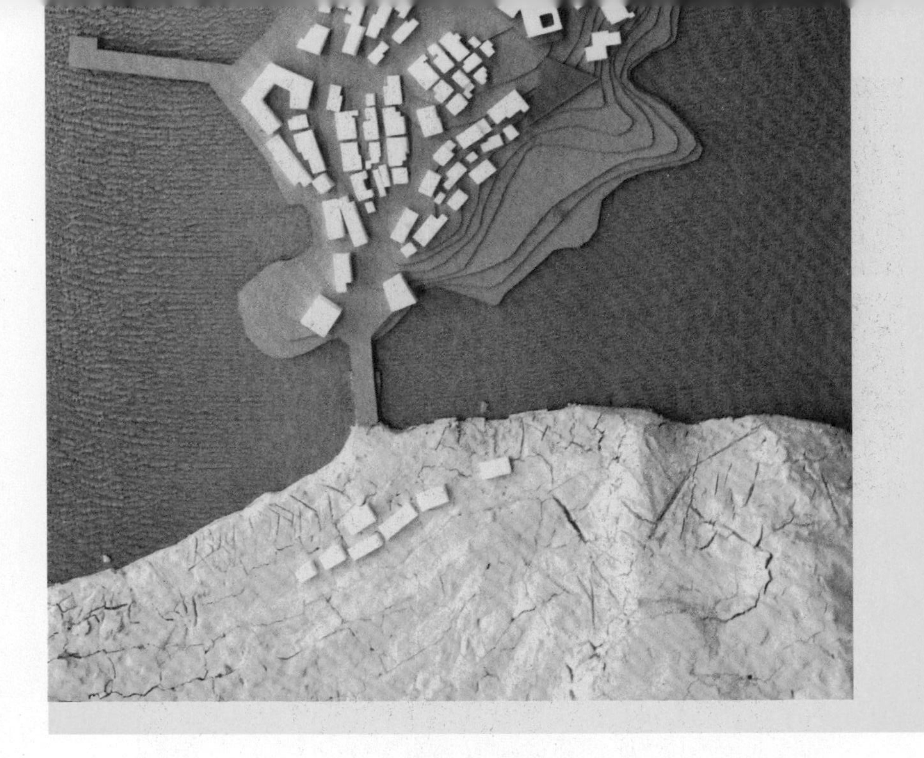

fig 2-3
珠海庙湾海岛渔村改造计划总体模型，2014年至今。建筑师：直造建筑事务所

我感觉，实践的时候建筑师总会按一种惯性去完成设计，这样建筑师做设计的思考方式、概念的形成模式往往是比较固定的。但在教学中就不会发生这种情况，因为每个学生都不一样，他们从不同的出

fig 2-4
林中小屋，方案，2014。建筑师：上海博风建筑设计咨询有限公司

发点，用不同的方式来做设计。设计推进时，老师对他们进行引导的是设计的基本原则，入手做设计时处理问题的基本秩序，概念与设计间的逻辑关系。老师无法控制设计的具体走向及完成方式。但这样不是由一个人把控出来的设计，最后也能做得很好。通过教学里的这个现象，我想在实践中是否也可以在设计的不同阶段尽量叠加不同人的想法，这样的设计方法也许可以使成果具有多样性。只是需要有一个人对每一个环节，包括最后细节完成的品质进行把控。我们最近做一个工业区边树林里的小房子时尝试了这种方式（fig 2-4）。这座房子是供厂区负责人员聚会、临时居住之用，业主对建筑没有太多形象上的要求，但是要求空间及使用舒适，造价尽量节约。项目刚开始时我只是有个大致概念。业主是一家造很大的金属容器和金属设备的工厂，我在他们厂里看到很大的金属的圆筒，想用这个东西来做成房子。但是这么做造价很贵，而且份量很重，运输及基础相应地都会比较难处理。在这样一个大思路下，我们很多人一起做了设计。设计要解决的主要问题包括：如何造出这么个筒来？造出来以后内部空间效果如何保证？基地比较狭小，任务要求的容量如何得到？设计的过程中有人提出用波纹板来做圆筒，经过研究我们发现这确实可行，而且是一种已经相对成熟的技术，不需要支撑结构，重量轻，可以在现场拼装，有很多好处。于是这个新概念就被吸收进来了。解决容量问题历经周折，经手很多人才逐渐找到不妨碍圆筒空间感又能得到足够面积的方式。我们把建筑设计为两层，二层标高在圆筒中上部。二层中面积较小的地方设置卧室，利用圆筒上半部很快收进的特点，使卧室部分的空间感远比平面尺寸显示的大。这个设计已经完成了，虽然最开始有一个大致的概念方向，但是最后的形式及具体的空间组合方式都是大家一开始预料不到的。

这个项目的设计方法是从教学过程中看到可能性后才形成的，也是来自教学的一种启发。这么做的时间周期较长，并不是适合所有项目，不过每个项目都可以多多少少在不同阶段尝试类似的模式。用这种方法可以突破个人的思维框框，只要能把握住大方向，明确判断出不同思路的潜力，很多意想不到的东西都可能穿插到设计中来，最后形成让人意想不到却又很精彩的东西。

张斌　我觉得正规的实际项目有一个很严格的职业技术流程。设计虽然可以用团队化的方式，由大家参与讨论来推进，但设计如果变动太多，条件又比较复杂的话，这么做的耗费就会很大，在可控的资源里你无法完成设计，也把控不住它。很多正规性项目要以目标相对明确的方式来做。我们也感兴趣做一些非正规性项目，比如私搭乱建，或者一些把控比较自主化的营造项目，因为这些项目比较开放，允许差错，允许阶段性不清晰的东西共存，这跟学生做设计是可比的。但其中又有区别。比如，教学中我有点像大夫，不干涉学生的想法，只指出哪里有点毛病，让他们自己去解决；但对于实际项目，哪怕再不正规，一开始都需要我介入并下一个基本的判断。教学中我不直接参与学生的想法，因为我的想法一介入，最后学生做出来的方案就都差不多了；但我从来没尝试过在我们工作室的项目中不介入自己的想法，自己只当大夫的方式。

王方戟　主要建筑师自己不太参与，或只在概念阶段参与，不在其他每个重要节点上介入并拍板，希望团队能自动而自由地完成项目，那肯定是不可行的。除非他的团队非常强，否则肯定无法做出好的项目来。

水雁飞　我在OMA工作的时候有个体会，整个工作室的竞争性是非常强的，任何人都可以跳出来做你感兴趣的项目。库哈斯来了你就可以进去拿着你的方案跟他说："我觉得这个方案不错，你看行不行？"他非常喜欢这样的方式，整个公司有一种比较民主的状态，他特别乐意你站出来说与他意见相左的观点。所以OMA的机制并不是传统的大师事务所的模式。这一点对于我们目前的实践及教学可能也会有启发。当然这样做需要很大规模的团队，前期耗费也很大。

王方戟 接下来是否讨论一下课程进度安排的事情？回顾前一次课程，我发现虽然15周课题中有两三周是在磨深度的，主要是在构造、平面的细微关系、形式及空间的局部调整这些方面做工作，张斌老师组在这方面的工作开始得比我们更早一点，但是评图以及平时讨论的时候，大家关注的还是每个设计的大感觉及概念，对于设计完成度的关心并不是很多。我想我们花了很多时间完成的这些细致深入的教学，对于学生的训练来说是否效率确实不高呢？要是我们对这些方面不做太深的要求，把时间挤一挤，就可以在8周半的时间内完成课程，这样我们还可以多做一个课题？

张斌 长题，短题，或者长题里技术性的环节落实到什么深度，不是单单这个课题的问题，而是跟教学体系的目标有关。在很多喜欢做长题的欧洲国家，学生拿了本科文凭就可以开业，因此教学中一定要把职业素养通过这五年的教学环节全部落实进去，再加上学生自己的修养和积累，他们一出来就可以负责地做事情。但我们的教学达不到这样的目标，也不必往这个目标去做。我们的本科生毕业后都要重新学习。但是要是做长题的话就一定要有技术环节，不然撑不起一个长题。我们这个作业的前面两次最终评图都只落实到大关系，这主要还是时间问题。如果时间足够，我们可以上午评大关系，下午评技术环节。但回过头来还是这个问题：这么做有没有必要？如果要压缩设计时间，不妨增加设计之外的环节作为设计的一部分。我们可能把一开始的调研“城市微更新”社会性因素、技术性因素设定出几个小方向，让学生做专题小研究来充实这个题目，教师讲评的时候也按这些环节顺序来讲。这是一种方式。还有就是依然维持长题，但设计的强度得加强，要增加中间评图环节。

王方戟　张老师希望通过增加评图来促进课程设计的深化。在下次课程中应该可以做到这一点。

庄慎　8 周半的题目我带过，那次学生的最后成果深度明显不够，设计看看模型还可以，图纸都经不起推敲。如果是 15 周的长题，图纸部分肯定可以更深入，前面概念讨论也可以更加充分。我发现学生对项目进行研究的能力及意识普遍比较薄弱，有的东西他们可能想到了，但是表达不出来。表达对建筑师是很重要的，你可以一遍遍地理清思路，跟人家交流，推销你的东西，让人家理解。我们的学生在这方面很欠缺。上学期课题里我要求学生在评图前对表达进行充分准备，列一个提纲给我看。这方面其实不应该由老师去提醒，但现状就是学生不会主动去做。这是个基本的能力。在 15 周的长题里可以做调研，对社会学的问题、建筑技术上的问题、建筑空间上的问题，都有很多考虑，也能讲更多的东西出来。在这方面可以对学生进行更多的训练。另外，一个设计除了有很好的想法外，学生假如能通过课程理解及学习到深入的方法，我觉得也挺好，因为这样他就有能力对概念进行深化，知道一个方案往哪个方向推是有效的。所以我觉得 15 周的课题还是有价值的。

王方戟　张老师提到欧洲学校跟我们的训练目标不同，所以才有长题。我看波尔图建筑学院的设计课题都是一整个学年的，每个课题在要求上也比较综合，但是不同年级的要求及课题设置不同。比如一年级是一个难度及复合度上循序渐进的拆分课题，从城市到场地再到空间；二年级是一个任务比较简单，但是在场地处理上难度非常高的课题；三年级就不太强调场地的训练，而对空间、构造、细节等等要求很高，需要画大的墙身剖面。波尔图城市地形很复杂，他们在场地方面的训练给人的印象很深。上一次我们“小菜场上的家”书里讨论了东京工业大学建筑设计课的安排。东工大建筑学本科只学四年，其中有一年是通识课，真正的建筑设计课只有三个学年。因而他们的建筑设计课全是短题，课程非常密集，跟目前我们国内大多数院校的情况类似，一个课程大概都是8周左右。欧洲比较好的学校的作业给人的印象是完成得深入，也很适合那种很纯净的环境；东工大的作业虽然完成不是很深入，但能在复杂的城市环境中寻找建筑特殊的存在方式，这一点是比较特别的。

张斌　欧洲很多技术院校就是非常技术化的套路，常常是房子做得很无趣，但是画得很深。

王方戟　类似东工大这样完成得比较好的作业，虽然可能在完成度、细节甚至平面关系上都有些不合理的地方，但设计的大方向清晰明朗，在技术上的要求也不低。他们本科的第一个设计课题是一个小住宅，其中就有很高的构造和结构要求，而且还有历史研究的要求。课程中还专门有一个由结构老师共同指导的作业。总的来说，设计课题排得很紧凑，主要追求的不是建造上的深度，而是思考上的强度。

张斌　这种教学老师投入很大，学生不能太多，是很精英化的教学。

王方戟　通过东工大的例子我在想，除了建造深度外，对建筑概念、建筑与环境关系上思考的深度是不是我们更需要追求的？比如在教学中，对概念不清楚、环境关系处理不好的同学，我们要花更多时间来帮助梳理这些东西，他们作业的构造深度不到的话，也要可以接受。具体方案在构造方面的完成深度可以有所不同。

庄慎　我从实践与教学的区别来谈。它们的区别是，在事务所里你可以对设计不进行解释，但在教学中你一定要听学生说了什么，要顺着他们的思路去想问题，看其中的重点是什么。不管学生具体情况如何，老师都要耐下心来理解他们的思路，然后作出回应。有时候学生讲的跟你理解的不一样，有时候学生讲的主要部分不是很重要，有些细枝末节反而很重要。这种时候我就很为难，到底是要告诉他我的判断，还是让他随自己的兴趣去深化。还有就是，可能过了四五周老师才发现那个学生的性格原来是这样的，你得换个方法才适合带他。还有，有学生一开始的想法挺好，我带起来就比较宽松，但是两周后发现不对劲，他一天到晚换想法。这时候你只好跳出来跟他说不可以再换想法了！这些都需要教学上的经验。当老师确实还是挺累！（笑）

王方戟　庄老师谈的是学生性格和带的方法的关系。

水雁飞　我是比较容易受到学生对设计的态度影响的。有时候学生的专业目标与老师期望他们发展的目标不同，这时候他也许只是想完成老师交代给他的工作，而不是很主动地推动设计。明显感觉到学生在打马虎眼的时候，我就不知道怎么教了。

张斌　这一点我们要学习庄老师，他擅长把学生们鼓动起来。

水雁飞　我最初带设计课的时候比较强调概念或某种批判的态度，后来慢慢改变了，因为概念仅仅是个起点，设计的目的不仅仅是追求对事情宏观的判断或批判。因为建筑师个人是可以具有批判性的，建筑本身则不是。大部分美国建筑师身上都会呈现这样的现象：他口中所描述的建筑远远好于实际的作品。我们这个设计课还是一个综合性要求比较高的课题，这点也是能和国内的实践相匹配的，可以让学生关注与建筑相关的多个方面的事，不是仅仅强化某一向度而忽略其他。我在美国学习第一学期做设计时感觉很痛苦，做了模型画了图纸，老师看都不看；他要我首先讲批判性的立足点。对于研究生训练这样也许可行，对于本科应该不太适合。所以我们这个课程是在尝试寻找一种与中国实践相匹配的模式，这一点我觉得还蛮重要的。

庄慎　设计课中老师和学生之间往往是一种同盟的关系。学生在不知不觉中会依赖老师，也下意识地以为跟老师的交流应该是非常通畅，老师是完全可以理解自己的表达的。但是，首先如果学生表达不得当，老师也不一定能理解学生；其次，他们以后的工作是要向非专业的人进行表达，不知道如何用直白明确的方式进行沟通的话，别人更不容易理解他们。学校里的教员很容易走纯学院派路线，用比较抽象的而不是学生容易理解的语言去描述建筑。学生是很薄弱的，很容易被老师引导着也走到这样的路线上，这样以后他们与社会就很难交接。

王方戟　总结一下，庄老师一开始讲的是性格与教学的关系，水老师讲的是概念与教学的关系，庄老师补充的是学生常常沉浸在自己的设计中，不是非常在意别人是否理解，更缺少向别人解释自己的方案，让别人理解自己方案的意愿。学生倾向于假定别人总是很容易理解自己的想法，但事实并非如此。庄老师觉得在这方面要加强训练。

水雁飞　欧洲和美国教育方式的不同在于操作和概念的侧重点不同，这两块在设计课程里往往不能很平衡。如果将两者关联起来，也许会产生一个有益的状态。教学中与学生互动时，要发现他们所描述的概念和具体的操作是不是能得到同一个东西，而不是只强调其中之一。

张斌　这在教学中是很困难的。2002年我在中国美院带过一次设计课，因为条件所限一周只能去一次。

由于学生比较多，没法逐个辅导，我每次去就只是评图。这种方式虽然是在学生多的条件下被迫形成的，但对我也有所启发，我发现这种密集的评图能把很多学生的潜力逼出来。对于我们这样的课题，也许同样可以用密集评图，哪怕仅仅是小组模式的密集评图来进行，而不是用个别辅导的方式。我们教学中通行的个别辅导方式相当于专家门诊，辅导都非常具体。但如果要求学生把设计拿出来，公开正式地讲，学生设计中的问题就能讲得更加开放，更加有原则性一些。与具体的讨论不同，这样很多更大的因素就可以加进去。这是目前我设想的上设计课的方式。

教学模式有几种。一种是"独裁式"：老师给一个标准方式，让学生照着去做。这样做能给学生灌输一个世界观和一套方法，虽然他们做出来的东西很可能差不多，与老师的东西一样，但通过这种方式他们也学会了这种设计方法。应该说，我和王老师你都没有这样的诉求。我们采用的还是相对民主的，以互动的方式与学生交流想法；但这种互动方式对主动性不强的学生就不太有效。因为这样的学生会期望老师给他一个结论，希望老师帮他画一笔，而我基本上不动手给学生改图，我永远只给学生讲他们的想法有什么好处与坏处，然后由他们自己决定深化的方向。我只给建议，不给具体处理意见。即使是就事论事的动手，也只是参考的举例。王老师关键时刻还是会改图的。虽然用这种方式教学，会出现个别学生最后东西出不来的问题，但我还是比较相信这种让学生自己做决定的方式。

前一段评过袁烽老师带的设计课的图。袁老师的教学方式对我也有一些启发。他有一个大的方法论，并把教学分为很明确的几个步骤，每个步骤要解决的问题也很明确，教学过程就是把这些问题过一遍。虽然我不会那么去做，但可以借鉴这种任务包的教学方式，对课程进行一些分解。这跟大设计院对大项目进行工作切分的方式有点像。虽然我们用了民主化的教学方式，但适当的时候对任务进行明确，并以此引导学生设计的发展还是有必要的。如果整个过程都在没有明确任务的条件下进行，学生到这个时间节点也可能解决不了问题。抛开学生之间好坏的差异，要让他到这个时间就要把这个东西做出来，而不是拖延到最后评图。至于怎么拆解这些环节我们可以具体讨论。不然很多学生就把这些问题拖延掉了，问题就没有答案，最终仅仅是画了一堆图纸而已。

庄慎 时间节点很重要，控制节点与学生的信心也很有关。上学期课程中里我们组的学生进度差异性就很大。我们组每次上课都像一次小评图一样。我要讲东西就要求他们全部到齐后才讲，如果有谁迟到就要等他，来了还要提醒他。这样容易形成氛围，从头到尾都坚持了这种模式。我每次跟学生讲的是他们的思路是从哪里切入的，你用了什么方法，根本模式是什么样的，按照这个思路我觉得前面有几个可能性，下一次你选择一个告诉我。学生接受的片段化信息比较多，他觉得好的东西就会用到设计中去，但是我觉得建筑不应该那么做，他应该有个整体性的思路。我给每个人理一个思路，学生互相也可以学习。他们发现自己思考得多，老师回应得也多，思考得少，老师会有暗示，他们会有点竞争意识。

张斌　还有个技术性的措施。针对学生反复改概念的问题，可以参照我们的实际项目，甲方对我们的要求一样。我建议每个环节不只一个想法，你选定一个往下做。你只想做一个，也可以，下面就不能反复了；你想有退路，就多弄几个方案。技术措施也是一样的。

庄慎　比较是很重要的，一个方案其实有多种可能性，思考的切入点不同会形成不同的结果，用到不同的方法。这样每个人做出的方案才会不一样。最终整体的方案和处理的方法都不一样，但都是完整的思路。我认为思路本身没有高下，任何一个切入点都可以想办法来达到一个蛮不错的东西。有时候学生觉得做不下去，不是因为想法不好而是方法不够好，没有能力支持你做下去，换另外一个想法也是一样的，因为你的能力不够。到最后把我搞烦了我就用对事务所员工的方法说这个想法不许改了，你给我往下做。

王方戟　刚才大家讲的都是在教学中很具体的问题，我一开始心想这次大家谈到的可能是一个虚的很宏观的答案，呵呵。

张斌　那我们听你讲一个虚的？（笑）

王方戟　我查了一下以往几年我们建筑设计教学的资料，感觉到建筑设计课程的合理过程应该是三个基本阶段。

第一个是“城市环境体量＋概念阶段”。学生的设计会从不同的概念开始，这些概念也许同功能、空间、材料、行为等各种不同的因素有关，但是无论如何他们需要在课程早期合成一个建筑的基本体量。这个体量在环境中的适宜性是大多数课题设计需要重点考虑的。随着设计的深入，最初设置的体量关系也许需要调整，但是新体量的适宜性依然要研究。不能因为后来因素的加入而忽视对主要关系的考虑。城市层面的体量关系在我们这个课题里表现得不算特别明显，我们这块基地对于场地上建筑的体量还是有容忍度的。

第二个阶段是“功能＋平面”。虽说建筑不是绝对由平面来决定的，但对于大多数建筑来说，平面代表了建筑的基本秩序，建筑中的各种元素基本都可以通过平面来统合。平面及其与功能的关系可以成为设计推进的第二个主要阶段。我读书的时候老师教我的也是这种方法。今天在一些学生作品集里经常可以看到，作业的设计形态非常深入，平面却非常草率。这说明他们没能将设计中的各个因素均衡好，甚至有些本末倒置。

接下来的第三个阶段，是将所有剩下来的因素平行推进，包括结构、空间、材料、构造、造型、景观等。在实际教学中也许可以将它们切块进行要求，比如先做空间，后做结构，再解决造型、构造。但总的来说，这些因素是综合的，需要统一地考虑，过度切分不太有利于学生正确设计意识的培养。根据不同的项目条件，其中某些因素可能需要侧重，因而也可能需要更多更早地去考虑。

从手段上来说，第一阶段主要用模型，第二阶段靠平面加模型，第三阶段比较复杂，往往是平面图、剖面图与电脑模型一起来工作。

提这三个阶段并不是说教学或设计需要这样明确的阶段划分，而是设计中不同因素之间有一个轻重缓急的顺序。虽然每个设计都有特殊的条件，设计顺序不可能都是一样的，但各个因素间基本层级关系还是存在的。忽略了这个关系，设计很可能会走偏。

张斌　这些步骤的时间比例大概是多少呢？

王方戟　理想的话，第一阶段城市环境体量与概念设计用一周半到两周，第二阶段设计平面用一周半，七次左右的课，一个作业在设计上就可以定局。这时建筑概念、体量、平面关系、基本流线甚至某些剖面关系，都可以差不多定下来。后面主要是深入和细化，结构、空间、形态、构造等方面的考虑都可以在前面定下来的大框架下做。这些因素在不同方案中起的作用不同，但它们之间的地位基本是平的。

张斌　我的理解是，第一阶段是策略，大的态势，看学生怎么组织整个事情。

庄慎　这个一周半能搞定么？

王方戟　我感觉 2/3 的学生能搞定，因为这个事情不是特别玄妙。

庄慎　但是，比如对于菜场和住宅两件事的理解，两者之间的关系是挺复杂的。在模式的选择上，比如菜场和住宅是否分开，这个模式的选择会影响下面十几周的工作，如果进行的过程中发现还有更好的选择，再要改就来不及了。

张斌　我理解它应该是可变的，第一阶段其实是个操练。比如在第一阶段，学生要有一个综合判断，大的结构关系，但它其实有两个子课题要讨论，一个是菜场的组织方式，一个是住宅的组织方式，合在一起是菜场和住宅的关系问题，这在你的概念体量阶段都要讲出来。但住宅部分的组织方式，学生在设计后期往往会变。上下关系对变化的容忍度还比较大；住宅和菜场分离的方案很有可能会改，水平咬合的方案做起来存在风险。

水雁飞　我认为城市研究前应该有建筑类型的研究，研究住宅和菜场，先是建筑类型本身，再是结合城市，这样才能得到一个在城市中合适的体量，那段时间我觉得不够。

庄慎　我觉得前期的选择，也就是寻找一个切入点，对学生而言是非常重要的。以我的经验，如果我去做这个项目，先天优势在于我对菜场或者住宅有一些基本判断，在这方面我是有积累的，所以能够以此为基础，进行快速选择。比如我看了基地，就会去寻找基地和项目之间的可能性，这时候就会根据自己以前的习惯，做出很多初步的想法，然后自己会做一个快速选择，大概有几种方式。但是学生做不到那么快。另外，如果我们快速地让学生进入一个往后深入的地步，做平面或后期的东西，学生就会习惯性地做一些显而易见的模式，这会导致他们做出来的模式差不多，只是在深化演绎的时候会有不一样。但是我觉得菜场的基本模式也就差不多，比如上下啊，分离啊，但是当它结合到新的基地中时，会不一样。有时候一个想法就是简单地基于基地的某个要素，比如学生根据基地的交通或者基地的外部影响就产生某种很单纯的想法来，如果这个时候对于这些菜场功能有一个模糊的整体的了解，他就能做出很多模糊的样子来，然后进行选择切入。比如最初学生有九种可能，而我们只是让他快速地进入到第四种可能，他同样也能接着做出不同的变化，只是这个变化会更加偏向于一个实际的操作。

我们之前说了前期挖潜力或者后期挖潜力，我觉得如果我们想做所谓的建筑精英教育，这一块的潜力是非常重要的。在事务所里，要排一个功能性的平面或进行一些小幅度的演绎，是能够找到胜任的人的；但如果要做一个正确的，或有差异的、新颖的判断，要抓住某些要素去选择一个个性的方案，就不是所有建筑师都具备的能力。如果我们要加强教育，就要训练学生快速做出多种选择并进行评判、比较和筛选的能力，而非只是做出一个像样的草图或模型供老师评判。我认为教学生思考问题的方法，比教他们实际的项目更加重要。如果他们善于自己判断，那么下次做另一个项目时就会习惯这样的方法。目前很多同学有这样的问题，想不出来，思路不够发散，能想到的就是那么一两个点，然后就磨叽着不能深入，脑子放不开。

王方戟　要是对前期的可能性一直不放手的话也可能会影响后面的工作。除了前期的一些方向及决策外，后期的一些要求也可能反过来对设计产生影响。

庄慎　我觉得前期有一个这样的幅度，后期就能够走得很远很深，前期是可以展得很开的。我观察学生在设计上存在两个比较难的地方，一个是思维发散度不够，一个是所谓深入度上很难走远。发散的训练在任何节点上都是可能的，所以在教学上可以选择一个阶段进行训练，这样比较好控制，比如张老师说选择前期进行发散；但是如果每个阶段都去做，就没办法总体地来教了。

张斌　所以我觉得最后有可能形成这样的三个大阶段，其中第二阶段的时间是够的，是从内部的流线和活动的组合方式去考虑问题。但是第三阶段可能还可以拆解，因为它比较综合，可能也能分成比如三个环节。

王方戟　你现在所谓第三阶段的拆分是在教学层面的拆分还是在教的做法上拆分？

张斌　我想是有结合的，最好是跟教学节点、评图节奏结合起来。因为第三阶段的时间很长，但对于一个非常综合的阶段，时间这么长是有问题的。如果分成三个环节，第一是不同层面的各自梳理，第二是各个层面的综合，第三是落实和细化的过程，大致如此。前面两周半时间的城市调研、密集评图，一周半的类型、历史、对策、模式之类的研究，是分大组的；然后是真正的设计的第一阶段，一周的“概念＋体量”，第二阶段可能一周半的“平面＋功能”，这就花了六周半的时间了，最后还得有一周半的制作，之间还有七周时间。这七周要分解成两三个环节，每个环节都有一个正式的阶段性成果，其中还有一个中期，它可能在第三阶段的第一个环节，然后再有两个环节才到期末。这样就有八个环节，基本上是一周半一次。

庄慎　这样做这个三年级上的题目会比三年级下的图书馆题目更难了。已经有了城市分析、类型分析，他们能做到这些已经不错了。

张斌　那没关系啊，课题时间相对长。这个做完以后，下面的题目时间短也能做得更好，他们能够多点武器武装自己。像东工大的方式，他们的学生蛮早熟的，很早就做得蛮像样。不过他们的题目小，中国的题目大。其实这个事情也没有那么循序渐进，如果有一个方法能够让学生面对相对综合的状况，他们其实可以做到的。阶段性的目标明确一些，可以让学生自己去判断，他有了自我判断能力，对老师的依赖就可以更少一些。

王方戟　虽然前期有了很多积累，但这还是一个需要大家不断探索并进行变化的教学模式。希望我们能逐渐找到一个适合我们条件的设计教学方式。那今天我们就谈到这里，谢谢大家！

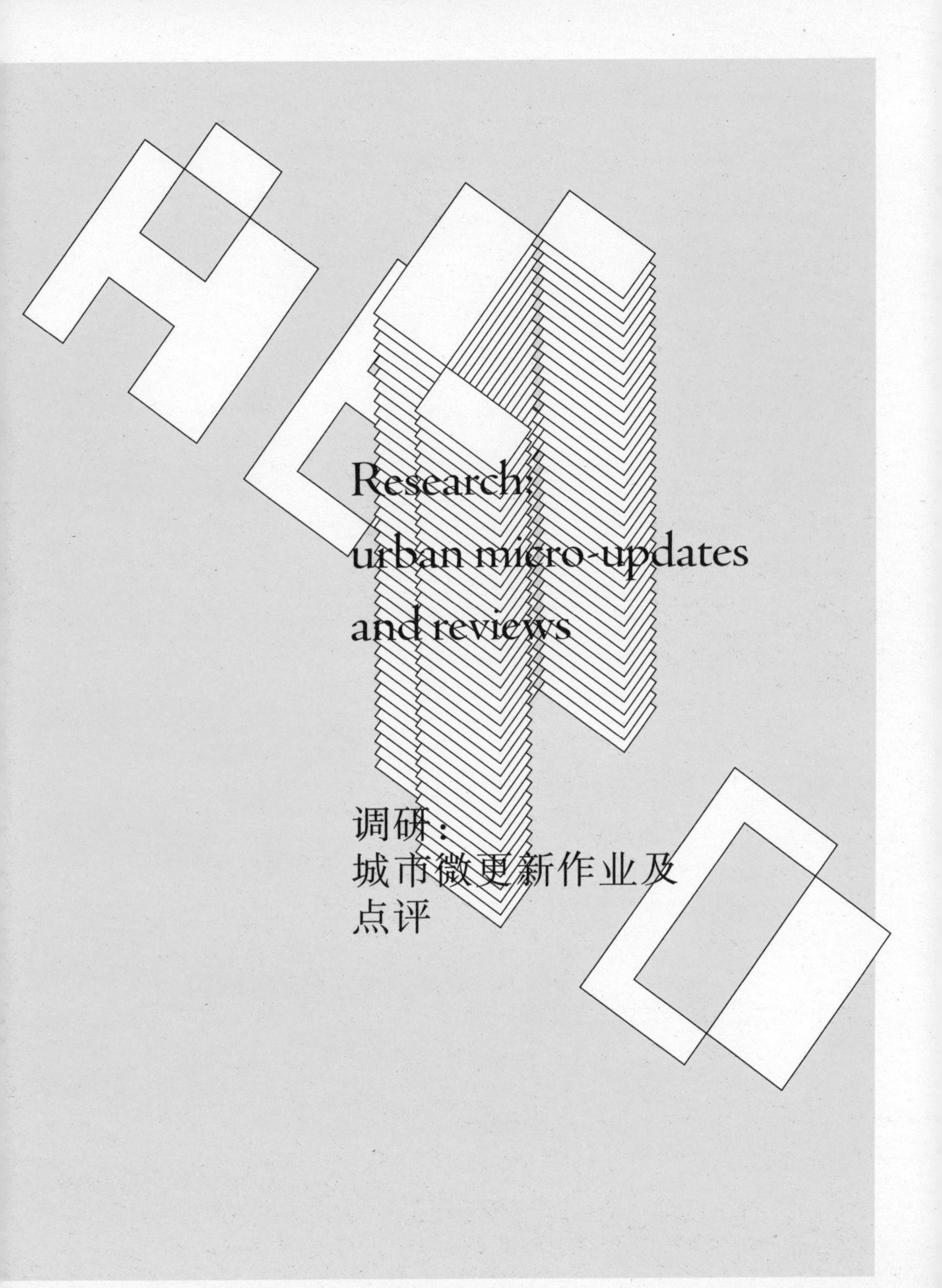
Research:
urban micro-updates
and reviews
调研：
城市微更新作业及
点评

“城市微更新”是这次课程周期的前两周半时间内完成的作业内容。

2013 年 9 月 9 日教师在第一次课程上布置了作业，并要求学生在规定的城市区域内进行自由观察，总结调研成果。建议研究的内容包括：

❶ 居住及其环境调查。从最开放的公共空间到私家住宅入口空间，进行一系列的住宅空间公共性调查分析；
❷ 寻找痕迹，在基地周围寻找各类建筑在功能、形式、体量、空间等方面变化的痕迹，并考察其背后的社会原因；
❸ 菜场运作的时间及功能规律考察，及其周边影响及关系的调查；
❹ 沿街商业的功能、类型、运作方式调查。

9 月 12 日学生对各自的观察成果进行了汇报。汇报后教师按照需要调研的内容，结合上一阶段调研的兴趣点，将 21 位学生分为七个组，要求他们以小组形式对规定对象进行调研。七个组需要调研的内容涉及四大类问题，其中菜场问题两个组，商业问题两个组，住宅问题两个组，街道空间观察一个组。

菜场一组需要关注菜场和街区的关系，要从城市的角度来理解菜场与城区、街坊之间的关系；菜场二组要研究菜场内部的运转，进货出货的时间、流程等，物流货运是怎样发生的，垃圾如何运出去，摊位的租赁以及租金情况等，还可以了解一些经营户的经营情况。

商业一组需要关注区域内商业的业态分布情况，商铺租金的情况，商业业态和街道界面的关系等。他们需要分辨正规商业建筑与居住改为商业的居民自改建筑在空间及运营上的差别，需要观察商铺使用过程中街道的状况，及它对周边居民的影响；商业二组要关注自发形成的商业。有些住宅小区经年累月在不同区域形成了一定规模的小商业群，学生要对比如破墙开店、流动摊点、临时商业等现象进行观察。

住宅一组要关心整个区域中住宅街坊的类型及分布，要调研租金房价、典型街坊小区的空间结构关系、统一规划后形成的住宅户型及后期改造、住宅加层、加独立卫生间等现象；住宅二组的关注点与商业二组相对应，主要为住户的私搭乱建现象、窗台的做法、防盗隔离如何占用空间、楼道的利用、底层住户对住宅外空间的利用等。

最后一组要调查街道空间与菜场、商业、住宅的关系，对人群在街道上的行为、停车、垃圾桶、广告牌等都可进行留意分析。

9 月 16 日，学生按小组对调研成果进行汇报，汇报后教师布置这个阶段最后的作业。这个作业是个人设计，要求学生在课程基地周围，寻找进行微调后能大幅度提高城市空间品质的点进行更新设计改造，争取只用相对小的代价，取得较大效果的提案。

9 月 23 日，学生对个人作业进行汇报，任课教师对作业进行点评。以下展示的是这次汇报中展示的内容。其中图纸为局部，不是所有内容。

"城市微更新"作业与其说是一个设计，不如说是一个调研与感知。教学中希望通过这个作业让学生对即将开始的设计作业的任务、场地、环境、社会条件等因素有一个全面的认识，因而整个作业成果也是非常庞杂和多面的。本书展示的只是作业内容中非常小的一部分。这个作业调动学生集体的力量，利用密集的评图形式，在非常短的时间内让学生建立起对课题和环境的综合判断，为下一阶段课题做好铺垫。

01

唐韵：阜新路菜场屋顶平台更新设计

Tang Yun:
Micro-updates design of Fuxin market roof platform

阜新路菜场上是住宅。菜场的屋顶是一个很好的露天平台，这种平台可以有很好的公共性，但目前没有有效利用。我试图将原来通往露台的仅仅供住宅用的楼梯改为公共楼梯，再在平台上设置一个兼展示和座椅功能的装置。有些时段里，这个复合边界上也可以让流动摊位来使用，这样可以促进社区交流。

王方戟：这个设计的观察视角及设想策略很好，采取的步骤大体也是可行的。深究一下的话，这个设计对社区管理水平有很大考验。分时段让摊位进来又出去，这本身就需要比较严密的组织，还要保证居民在这个装置上做的基本是公共的事情，而不是自己的事情，比如晒晒菜干、晾晾被子之类的，这也很难。此外，展示与菜摊的使用协调也是需要细心设想的。从这一点上来看，设计对这种软件的回应就显得比较少了。

水雁飞：这个设计让一个人从城市的地面到达屋顶上的住宅前院的过程变得更加畅快轻松。楼梯经改造更富有公共性以后，经过这里就不会再感受到折磨了。这是非常好的部分。倒是要把非常公共的人流引到屋顶上去，这一点能不能做到是比较让人怀疑的。

02

黄艺杰：上海住宅小区旋转门改造

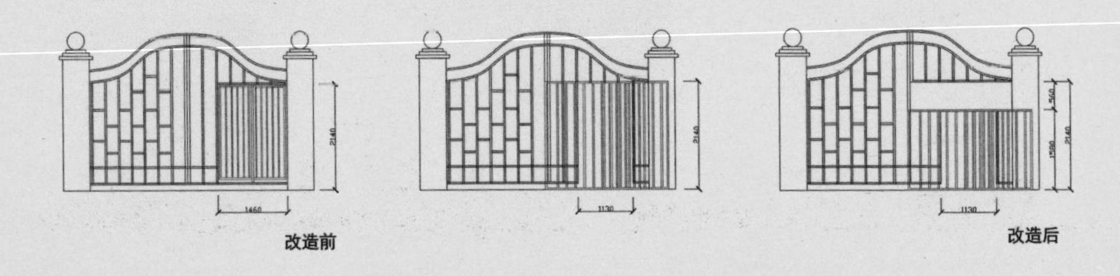

改造前　　改造后

Huang Yijie:
Regeneration
of pivot gate
in Shanghai
residential area

上海很多住宅区都是用围墙封闭起来的，为了防止自行车经过无人看守的门进出，这些院子用一种转门来进行控制。这种门虽有安全上的好处，但是对老年人、儿童、提重物或打伞的人及婴儿车的通过都非常不方便。经过研究后，我对这种门进行微微的调整，降低了围栏高度，让打伞的人可以通过。对旋转门平面尺寸进行修正，略微放大，在自行车无法通过的前提下，婴儿车可以推过，老人及小孩也能感觉更方便。

水雁飞：这个设计从对现实的观察中得到命题，并用一种很务实的方法进行回应，是一个不错的方案。

张斌：黄艺杰通过这个设计进行的思考很好，具体的改造策略也不错。通过设计能引申到门背后的物权等方面的社会问题，希望能针对这个问题进行一些补充性的思考。

03

王旻烨：退进的街道界面

Wang Minye: Jagged street boundary

我对街道界面的进退进行了研究，发现凹口的界面往往会对人群活动产生影响，并自动分离需求不同的人群。在街道上行走的人群会尽量靠外，进行商业交易的人则会保持在凹口内。设计试图利用这种关系创造一种新型沿街小商铺的街面，商铺临街面无出入口，它们的出入口都设置在内凹空间中。

张斌： 这个改造设计对于问题背景的针对性不强，看不出到底是针对什么问题提出的改造方案。从形态关系上确实能看出这样做有一定的便利度，比如沿街面长度被拉长了。但是除此之外，这种改造的实际机制是什么？需要思考一下行政管理、经济等多个层面的问题，才有可能找到此类方案的意义。目前看这个设计还缺乏可实施性。

王方戟： 这个设想试图说明凹凸界面比直的街道界面效果好。要是这样的话现实中应该会有较多的先例出现。先例很少的话是什么原因，这个是需要你想一想的。另外，这个设计更像是一个模式的设计，而不是针对具体场地的设计。我们的基地上每一段都有哪些具体的问题，可以怎么提升潜力？也许你更需要思考这样的问题。

04

吴潇：社区开放性改善

Wu Xiao: Improvement on the openness of residential area

目前我们研究的基地周围的居民小区都由一圈硬质的围栏作为围墙，小区的入口是一些旋转门，门的附近缺乏缓冲空间。这样带来的问题是小区与城市之间有较大的隔阂。我的设计希望把门取消，边界围栏全部用密集的植物来代替，改造放宽的部分作为停车使用。这样一方面让社区的开放感更强，一方面可以缓解小区内停车难问题。停车位的收益还可以用来维护小区的绿化。

张斌： 这个提案很难评价。目前居住小区有围墙的坏处与把这些围墙拆掉，改善一下带来的好处，好像是显而易见的。但这不是一个简单的设计问题。从有界限到没有界限，这种变化究竟会给居民生活带来怎样的变化，我们很难评判。因而这是一个很大的话题，对于微更新提案来说有点过于宽泛，超越了你能驾驭的范围。

水雁飞： 对于一个小区的入口来说，它究竟应该是什么样的模式，入口的空间是否需要有等级，这都是值得思考的问题。要是没有论证，仅仅把围墙边界直接去掉的设计会显得很站不住脚。

王方戟： 10 年前我骑自行车经过这个小区时，这些小区就是开放的，大多数都没有围墙。封闭小区是在 10 年左右的时间内才逐步形成的。封闭与否很大程度上不是设计的问题，而是一种社会问题。当社会贫富差距大，社会矛盾突出时，有的社会群体就会认为封闭是一种心理上的围护，围墙是心理上的维护。这是一个宣言式的设计。有具体场地的微更新很难用口号来实现。所以虽然不能说想拆就全部拆掉，但是否可以设想一种介乎拆与不拆的中间状态？比如将某些局部多设几个出入口，或者去掉一段围墙，创造一条小段可控的捷径。类似这种思考才是这样一个命题需要做的。将来等我们社会的贫富差距逐步减小，这些小区的围墙也会自然消失。你可以设计一个过渡的状态。

05

韦寒雪：菜场屋顶菜园

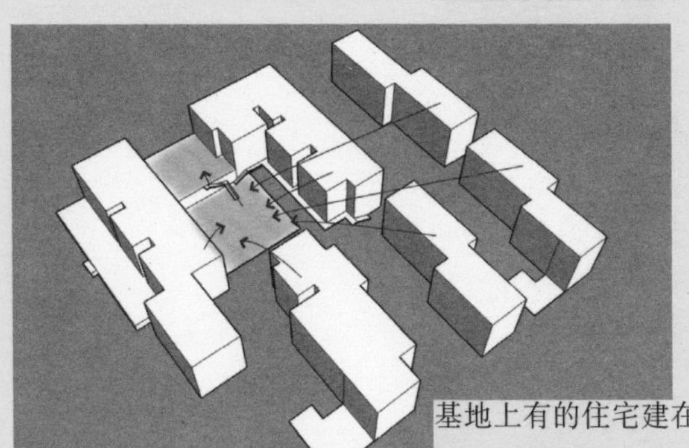

基地上有的住宅建在菜场屋顶上，菜场屋顶平台却没能很好利用。我考虑把屋顶改建成一个菜园，使得这里的空间更加积极，场地潜力得以开发。考虑这个区域老龄化严重，可以将菜场屋顶 800 m^2 的菜园分块承包给小区中的老人。老人种出来的蔬菜自己吃不完的，可以放到下面菜场里去卖。这样也利于老人与社区其他人的交流。

Wei Hanxue: Vegetable garden on top of the market

张斌： 你选的这个屋顶夹在两条南北向住宅之间，平台长时间处在阴影里，冬至日仅一小时日照。你有没有考虑过这种条件对于植物生长是否合适？另外，种菜用的肥料、种菜时人员的活动，对平台层住户肯定都会有很大的影响，这种影响如何避免？欧洲某些德语区里因为战时物资紧张形成一些做法，后来流传下来成为传统，在城市某些地区给有需要的人默许分配一小块地去耕作。中国的情况就很不一样，土地是能生产价值的。这些地的收入以及屋顶被利用的权利如何平衡？这些问题都是很复杂的。你要是对这些社会组织方式没有设想的话，方案就只能是一个“小清新”的想法。

王方戟： 这个设计有几个疑点。给老年人分配土地一定要在菜场屋顶上吗？这种分配的方式相当于把半公共区域私有化了。那么这种私有化的前提是什么呢？给谁不给谁如何决定？你设定的这些居民也许有的人不想租；也许有的人租了再转手租给别人赚差价的；也可能有雇人来种地的。这样又无法实现你希望让老人来用的初衷了。现在这块地正处于一种大家都不能用的平衡状态。你的想象很好，但这个平衡一旦打破，结果也许并非你的设计可以控制。

06

谢超：鞍山四村第三小区中心公共空间改善设计

Xie Chao: Improvement on the central public space in the third residential area of the fourth Anshan village

鞍山四村第三小区中心公共空间中间有一棵大树，但是大树并没能汇聚人气，这里公共空间的利用率较低。我想围绕大树做一个藤架，藤架下部结构有两种不同的模式，但下面都设置座椅。用这两个模式进行旋转，就可以形成不同的藤架及藤架下面不同的座凳组合模式，以适应小区内不同的社区活动需求。

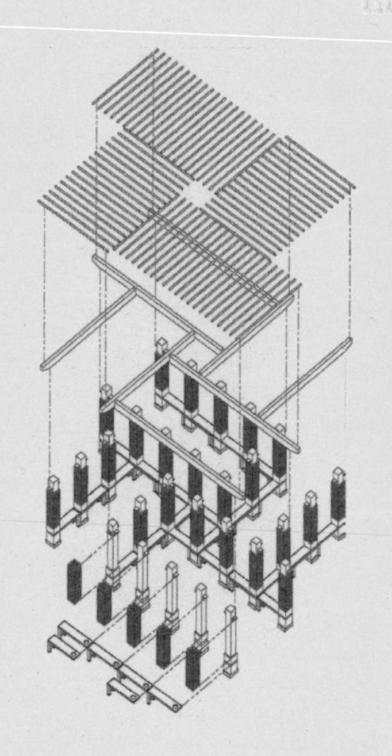

王方戟： 你认为这个小区中心的空地很大，却没人愿意去用，于是你就想在空地中做一个设施。你发现这类设施如果没有围起来的凳子的话，使用效率很低，于是你结合这两个现象做了一个在绿地中的藤架。藤架下面的凳子可以活动，以适应不同的活动要求。这个设计能结合具体场地进行设想，这点挺好，但是设计本身过于细致，让人觉得反而要被你的设置所束缚。希望你做一个能适合不同场景及功能的简单道具，给人更多的使用自由。

张斌： 这个设计的场地策略有点问题，布局关系也欠考虑。你对这棵树的认识也不是很准确，雪松树下不是很适合活动及休息的。设计为什么要在这棵树上栓死呢？从成果上看，你的设计技法是熟练的，但对基本问题的判断有点跑偏。

07

Xia Kongshen
adjustment of
old residential
entrance

夏孔深：老公房小区入口调整设计

老公房小区入口围墙内一般都有一定的缓冲空间，这些空间目前没有被好好利用，尤其是那些平时仅仅供人行的出入口，这样的空间更是利用不足。我的设计是在有这种情况的入口处增设一些水果摊贩、花坛、健身区及休憩桌椅等，以增加这些区域的社区活力。

张斌： 水果摊贩等在类似的小区里是本来就有的现象。它们的位置很多都是经过各种制约条件的磨合逐渐形成的，都有它特殊的原因，不是主观想放在哪里就合适在那里的。你应该思考的是它们自发形成的位置的原因，而不是反向推导。

水雁飞： 小区很多仅供步行的入口看上去比较宽，但那都是为了紧急情况的消防要求而预留的。要是被其他设置占用，就会影响安全。这一点你需要考虑。

汪桐：社区避风港

基地周边的街区都缺乏休息及活动空间，在街区的一些空地上存在随意摆摊的现象。我的设计是伞和凳子的组合，可以应对刚才我说的两个状况。有伞及凳子的地方鼓励社区中的人去活动，自然吸引了人；没有凳子的伞则暗示了销售行为的可能。

张斌： 这个思路有漏洞。这种非盈利项目一般都是由政府主导来完成的，而政府是为公众利益考虑的。这个设计将流动摊贩体制化，政府只为个别人做事情的出发点是不对的。这样做对其他人有什么好处？感觉是一件无法确定的事情，而且整个设计实施的路径不明确。对于为谁做、站在什么角度来做等问题的考虑都太模糊。

水雁飞： 伞是需要很多维护的。这么设计一定要有长期运营投入，对于我们基地上这种平常的社区来说，这么定位显然不太合适。

09

胡佳林：鞍山四村居民楼门厅改造

Hu Jialin: Regeneration of the entrance lobby in the fourth Anshan village

鞍山四村第一小区沿抚顺路的多层居民楼的楼梯直接对着街道，从楼梯出来到公共空间之间没有过渡，在这里居民也缺乏交流和停留的空间。我的设计将入口改到侧面，在楼梯间前面叠加休息功能，此外还改变了建筑及地面的材质。希望通过这种方式增加这里的活力，创造出富有魅力的街道生活。

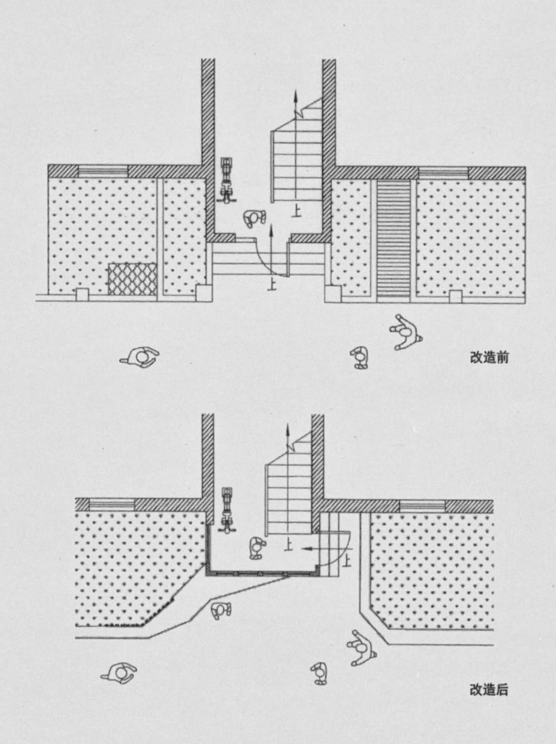

改造前

改造后

张斌： 这个设计将原来对着正面的入口改到了侧面，人们都从侧面进出，相应地会对侧面一楼的住户造成干扰。楼梯间立面改造似乎只是一种形式改造，改造目的不是很清晰，改造成本看上去也很高。

王方戟： 这个设计的观察对象选得很好。这个基地中绝大多数住宅都是在院子里的，唯有那么几栋楼是直接开门通往城市街道的。虽然这种入户类型在很多国家的很多地区都是正常的，在这里却很特别。以此为契机做一些设计，应该是有很大余地的。另外这个设计在思考街道行人的活动和住宅中住户居民的活动之间可能存在的关联，这也很有意义。但是设计本身还不太够。比如出入口尺度显得很局促，还有结构问题及张老师说的干扰问题。对于楼前空地上是否能创造出交流、怎么交流等问题也缺乏思考。

10

严珂：凤城三村住间空间有序化改造

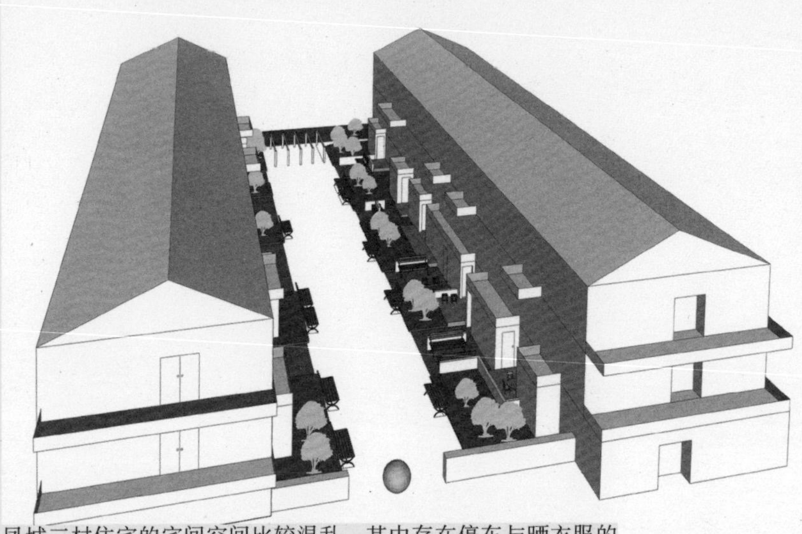

凤城三村住宅的宅间空间比较混乱，其中存在停车与晒衣服的行为，以及居民私自加建小屋占用公共空间的问题。我想通过几方面的设计来改善这里的环境。首先在宅间区域之外，把原来的绿化带改造成一个停车空间，不让车进入宅间区域，干扰居民；通过加阳台，以及在宅间尽头空地建晾衣空间的方法，解决居民晾衣问题；对私自搭建的房子作出规范化要求；增加宅间的绿化带，并在绿化带中引导更多社区活动。局部面积可出租用来安排小型商业。

Yan Ke:
To bring order to
the in-between
space in the third
Fengcheng village

张斌： 我对这个方案的疑问是，考虑了宅间以及住宅加建等方面，为什么没有将住宅成套化的可能性引进来？目前这个改动动作较大，但实际效果又不够彻底。大多数方面的考虑还是不错的。私搭乱建很难从行政上去规范，时机、做法等方面都很难协调。如果你想做居住的灵活性改造，不该像这样表达，这种表达更像是一次性设计及施工出来的住宅。

水雁飞： 从平面上看，这个设计的楼梯布置有点问题，要慎重考虑一下。设计的工作量挺大的。

11

Wu Yuhe:
New facilities under avenue trees

伍雨禾：行道树下的新设施

由于缺乏管理及组织，基地周围街道的人行道上存在自行车乱停放的问题。另外，我也观察到很多居民喜欢坐在人行道边聊天，由于没有可坐的地方，他们就挑一些台阶或自己带简易的坐具来坐。我的设计希望在行道树下设置长条的花坛，或围绕树的休息座椅，给人提供一个可以在街道上坐的地方。这些设施之间自然成了自行车的停放点，以规整自行车的停放秩序。

改造前

改造后

改造前

改造后

张斌： 街道断面的改建需要从整个街道的全面关系来考虑，这个设计的处理缺乏这种完整性。街道上花坛如何分布不是简单的图示可以解决的，也需要看到布点的理由。这个设计中自行车的停放不像是你描述的那样被引导和控制过的，似乎依然是乱停放的状态。关于自行车停车还应该有详细的探讨。

王方戟： 看上去这个提案对于比较宽的人行道是合适的，但如果人行道的宽度不够，这个方案就不成立了。另外，没有感觉到这样处理对城市空间有很大的提升。

水雁飞： 你的设计像一种目录型的系统，应该给大家一个不同尺度的参照，选取的点也应归类，比如它们怎样以不同方式被使用。现在这种方式太随意了。

12

张灏宸：社区格子铺

Zhang Haochen: Checker depot in residential area

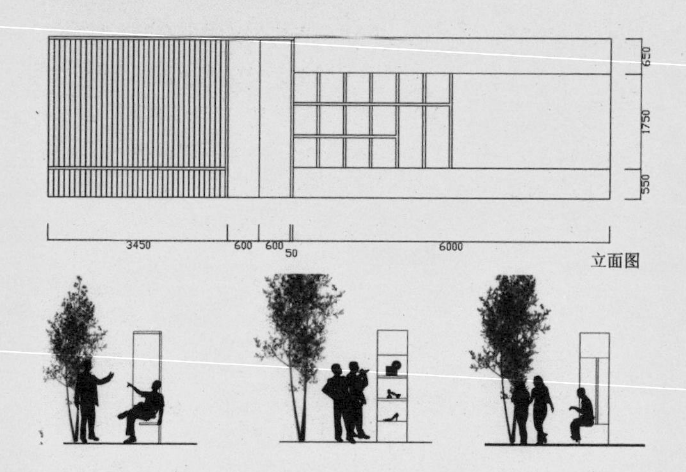

立面图

我们研究的这个区域中很多居住小区都有铁栅栏围墙。我的设计是对它们进行改造，赋予它们新的功能意义，把它们变成能产生更多行为的交往空间。具体措施是将小区有些步行用的出入口改造成门和座位的结合；将有的栅栏围墙改成铁的格子，引导居民在这里交换旧物或进行简单的销售行为。有的地方的围墙还可以改为休息的座位，供居民在围墙的内外聊天休息之用。

张斌： 你设定的这些叫“格子铺”的微型店铺最后让谁来租用呢？是盈利的还是公益的？这点非常难看清楚，这是这个方案给人最大的疑问。此外，既然有一些半商业的活动，设计就应该考虑遮雨功能，比如做个檐廊等。还有，为什么选择那些次要的出入口来做设计呢，在主入口是不是也会很好呢？不过这个方案将设计与边界进行结合的想法还是挺好的。

水雁飞： 这个设计选择特定的研究对象并且在其上附加新的功能意义，这样可以用设计来引发城市的活动。这种方式很好，很清楚。

13

Wang Yulin:
New area
defined by
typhlosole

王雨林：盲道界定的街道新领域

我们基地的菜场前人行道在下班时间被行人、流动摊贩及自行车占满，而上面的盲道则不太被人注意。我希望将盲道更新成明亮的黄色，通过这种铺地色彩的变化提高人们对盲道的关注。另外将盲道线路做略微的调整，让类似流动摊贩这样的行为能自觉避开盲道位置。

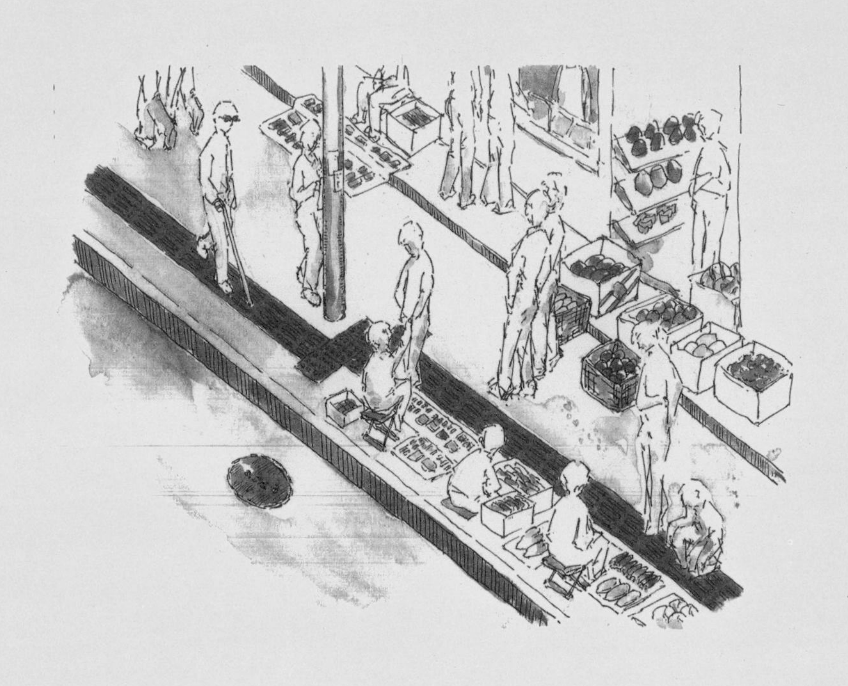

张斌： 流动摊贩的交易与盲道的连续性本身就是矛盾的。这个矛盾通过刷漆并不能解决，盲人经过这里并不能使摊贩的交易停下来。颜色对行为发生的影响还是太有限了，并不能从根本上解决行为方式上界面交界的问题。

水雁飞： 盲人的行为是否得到了周围人的注意及照顾更是一个社会问题，仅靠这个设计很难改变。

刘庆：阳普菜场二层居民楼入口空间改造

14

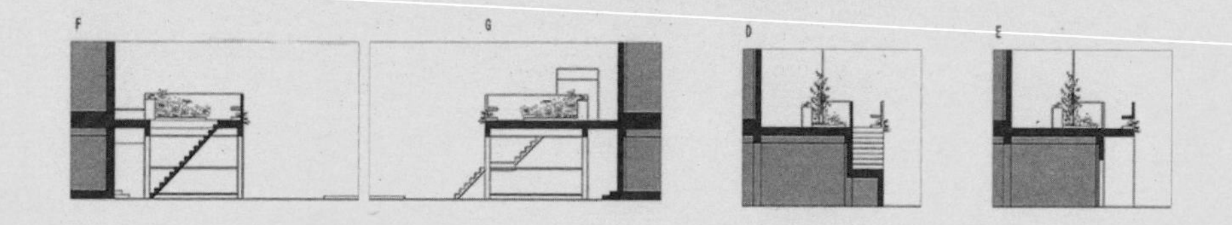

阳普同济菜市场上有居民楼。这些居民楼的交通都是先到菜场屋顶平台上，然后再进入楼道上楼。本设计对这个空间进行了优化，在居民上平台的流线中增加停留的节点，适度拓宽上平台的通道。修改通道边现状上不太合理的绿化，增加新的绿化。通过优化居民进出的流线，使二层公共平台上有更好的绿化及居民休息的空间。

Liu Qing: Regeneration of entrance space of the residential building on top of Yangpu market

张斌： 这个设计动作稍微大了一点，占用的资源有点多。国内的小区没有清晰界定不同主体的权益边界究竟在哪里。换一个法律环境不可能有这种状况发生。在这些地方，你觉得这块绿地设计得不好，想改善它，是可以的，但你不能改变它所属的公共性结构。你要是想把这块地半私有化是不可能的。每块场地的操作都涉及到一个复杂的权益关系。虽然这里没有这种关系，但也要对这种问题有一个理解。

王方戟： 仅从设计的角度来看，这个方案还是挺好的。你做设计的方式是先定一个关注点，然后往下猛推。但设计的开始往往需要同时关注几个点，然后才能判断设计往哪个大方向走，否则设计得再好也可能不是一个可以让人接受的方案。比如你这个设计里将绿地从一楼移到了二楼，这对于使用这条通道的居民来说当然是好的，但是对于小区其他居民来说却是个损失。在地面层的绿地的公共性更强，也能让更多人受益，哪怕它样子难看些。在做设计的时候这些都是需要考虑的。

15

王轶：模块化种植装置设计

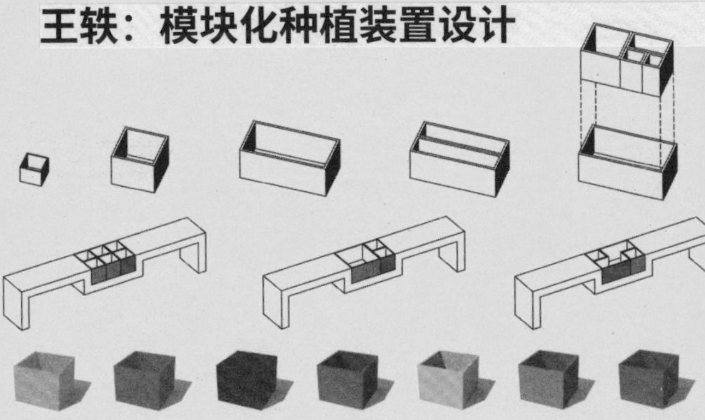

Wang Yi:
Design of
a modular
planting device

现在的住宅楼外墙上，有很多居民自己加建了搁物架放置植物使建筑立面凌乱无序。我试图设计一个模块化的构件来放置种植，让它们可以工业化生产。由于这种构件使用简便，居民会主动希望使用。在居民、居委会、志愿学生、菜场、工厂和政府的共同参与和促进下，让更多居民来选用，这样在改善了建筑立面的同时又满足及平衡了各方利益。

张斌： 这个方案涉及设计在实现过程中实施路径、组织方式等方面的思考，是一个不错的想法。但是还需要深入了解一下现状，类似的设想实现后有什么弊病。世博会期间，很多居民楼的立面都经过统一的整治，当时有一个做法是哪里有空调就在那个位置进行立面的改造。你现在的做法是要进行全面的改造，才能达到设计上希望的效果，而且还很难说在哪些方面比之前的做法更好。背后的问题是，参与得越多政府买的单就越多，整个改造的成本就非常高。这种很难界定改造边界的做法就显得不太现实了。总的来说你对整个事情的思考路径是很好的，但是出发点不是很有意义。这么做看起来耗费大，而效益并不明显。

王方戟： 这个项目是否可以不要政府及菜场的参与，不把它弄成一个城市美化项目。整个过程可能就是一种市场行为，通过居委会、居民、学生志愿者等做一些辅助的推进。只要设计确实很好，很多居民在适当的辅助下也许就会逐渐选用这种产品，然后自觉地参与你的立面改善活动。

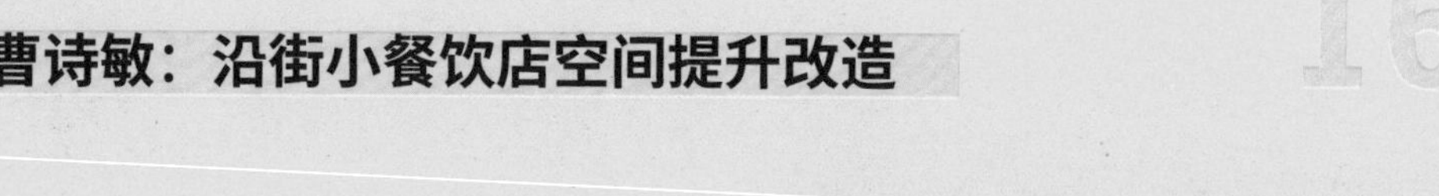

曹诗敏：沿街小餐饮店空间提升改造

16

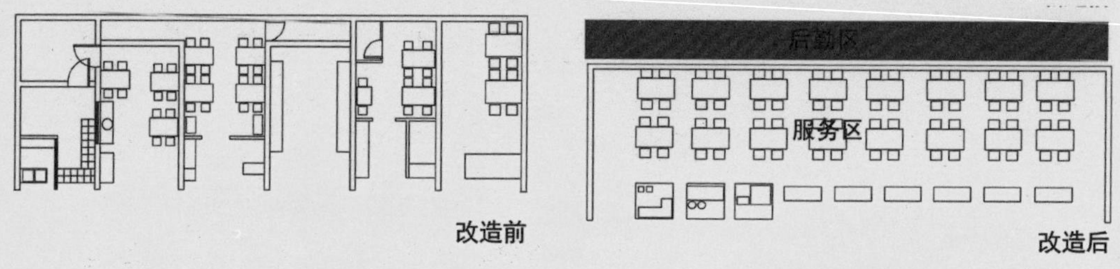

Cao Shimin: To improve the space of the restaurants along streets

现在街道上很多小型的饮食店是将一些大开间房间不断细分后形成的，由于店面开间太小，有的店就把座位或物品放到街道上，影响了街道的正常使用。这个设计是将被分隔的空间打通，将这些小饮食店整合起来，让它们集中利用后勤服务，分享座位区，以提高饮食店的营业形象及空间舒适性，改善人行道上的拥堵。

张斌：这个设计像一个微型的“大食代”。“大食代”就是这样的模式。现在的问题是，你能否判断这么做对于各家店以及房东在经济上会带来什么样的变化？比如改造后获取的利润能否平衡业主花钱改造重新招租的成本？改造后的效益是否会更高？此外，这些店面原来是否属于同一个业主？假如不是同一个业主，事情就更复杂了。分成小店面招租和变成一个大空间招租的租金差异是非常大的。总的来说，要对这一提案的经济可行性进行评估。

水雁飞： 不同饮食店的后勤也是有差别的，很难与其他饭店完全共享，它们必须以一种特殊的方式来结合。要是能把这类特殊性都考虑进来的话，方案就会显得更有深度。

17

戴乔奇：公交车站活动激发装置

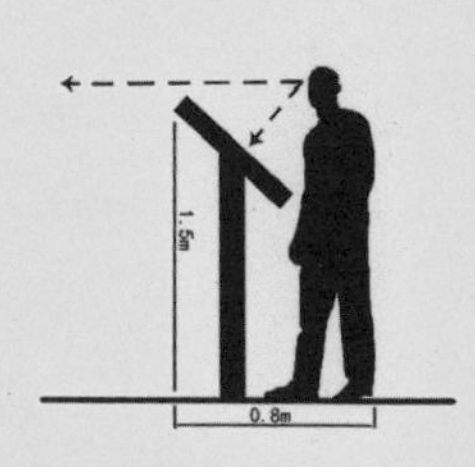

Dai Qiaoqi: Activity-stimulating device at bus stops

在公交车站引入报栏、小广告张贴栏、健身休闲设施、小摊位等功能和设施，并通过对这些功能的尺度等研究提出相应的建议，以这种方式完善公交车站的配套设施，丰富人们等车时的体验。

王方戟： 可以想象这种功能的结合可能产生特殊的结果，其中一些关于行为尺度的观察也很好。这样一个微观的东西，没有提出一个相对具体而有效的设计，就相当于只提了一个口号，很难让人认可。

张斌： 这个提案没有很好地将你提到的各种功能结合起来，各种功能还是自己管自己，相互独立着的。设计中除了需要这些功能与公交车站的功能之间的关联外，也需要让这些功能之间产生关联，这样的设计才是比较有说服力的。

18

蔡宣皓：抚顺路人行道更新

Cai Xuanhao: Regeneration of Fushun sidewalk

抚顺路周边的大环境很好，但是在人行道上行走感觉汽车对行人的影响很大。希望通过设计减小这种影响。具体设计是在人行道边放置花架以形成围合感更强的步行空间，并在闲置绿地设置桌椅、晾衣杆，以丰富居民交流的可能性。

张斌： 这个设计的图纸没有清楚地表达出改造意图。你对研究的问题也没有想明白。对于抚顺路这种小尺度、车速较慢的街道，没有必要将人行道空间与车行道空间做过分隔离。在花坛中放桌椅是不太好的解决方式。可以把现有的空间改造成居民可坐的场所，从而让居民不必坐在马路边，这才是解决该问题的着力点。总之没有必要对人行道、车行道进行如此大动作的分隔。

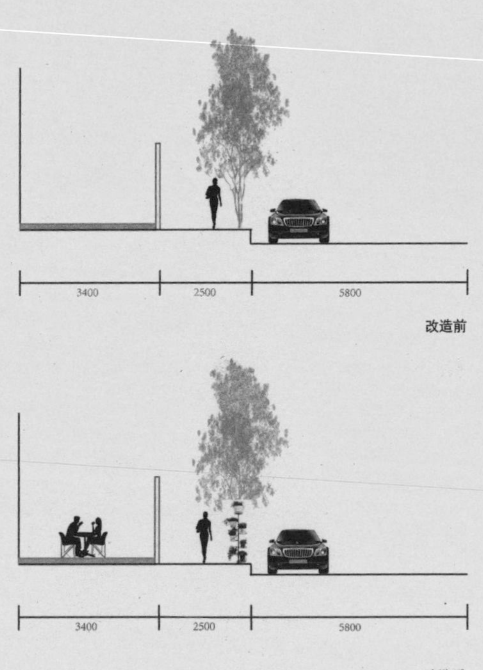

改造前

改造后

水雁飞： 汽车对人行道的影响是很多街道的共性，不仅仅是抚顺路一条路的问题。这个设计既不是针对共性的设想，也不是非常有具体性，着力点不是很好。

19

韩雪松：社区公共空间的塑造与改进

Han Xuesong: Improvement design of residential public space

鞍山四村从苏家屯路进入后的公共空间区域比较浪费，布置混乱，缺乏绿化，健身器材随意布置。空间利用率也不高，只有凉亭下才有人活动。我希望通过适度围合空间、将公共空间化整为零、从视线角度处理边界、改进公共绿化等手段，重塑社区公共空间。

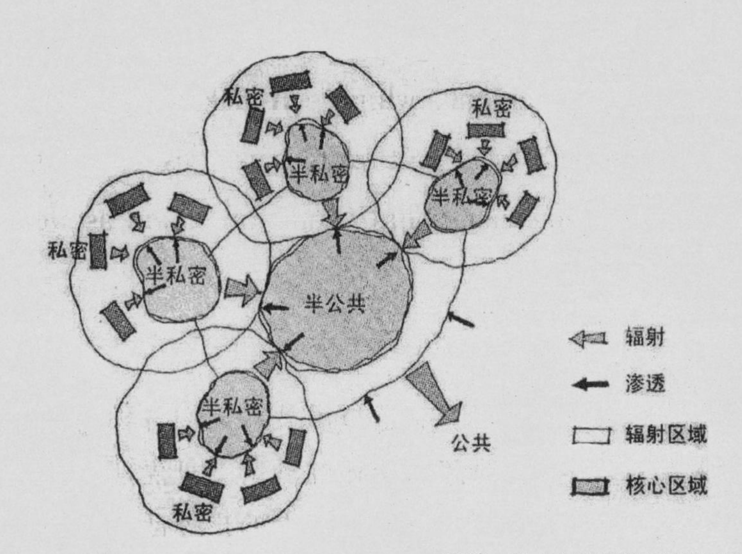

张斌： 这个方案对题目的理解有偏差，所做工作还是一个调研，缺少具体的可实施的改造措施和清晰的逻辑。无法看出这个建议的提出到底是针对什么问题。

王方戟： 即使是一个策略性的调研，你得到的观察结果似乎也只是泛泛而谈，不是深入调查得到的成果。

20

宋睿：公共屋顶平台改造

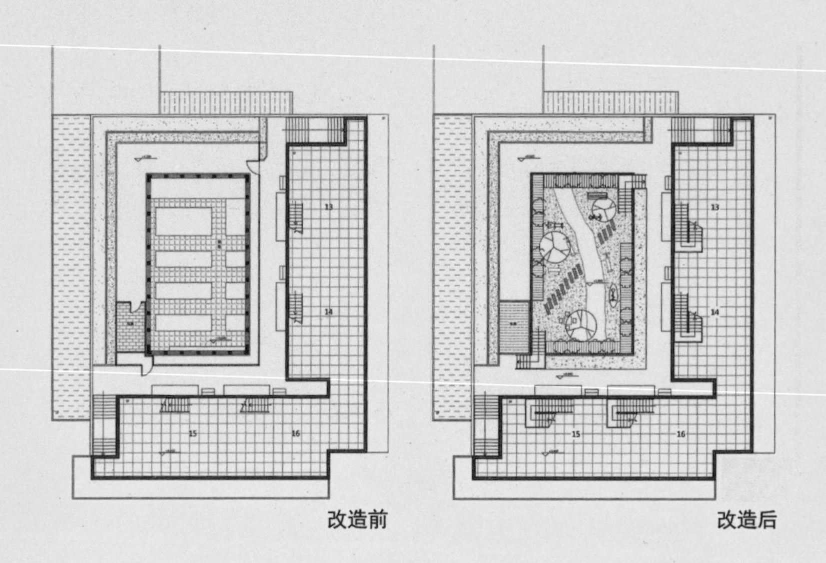

改造前　　改造后

Song Rui: Regeneration of public roof platform

阜新路菜场的屋顶是作为上面住宅的入户平台用的。为了底下菜场的采光，屋顶中间部分在平台基础上被进一步抬高，做成高侧窗。为了不让居民接近高侧窗，在窗前设置了铁栅栏。这个栅栏使居民活动的地方感觉很封闭，因此居民自发的公共行为也较少。我希望去掉铁栅栏，用绿篱软性分隔屋顶上的人与菜场高侧窗，再对抬高部分的屋顶加以利用，设置健身器材和座椅来供居民活动。

王方戟： 这个设计加了一点屋顶绿化，开辟了原来弃用的屋顶作为小区活动设施。似乎只是就事论事地完成了一个改造。

张斌： 这个教学环节是发现问题和解决问题，我们希望训练大家这方面的能力。细微的景观调整不是这个环节该讨论的内容，你的设计对于一个提案来说有点太具体了。

21 陈迪佳：苏家屯路人行道侧绿化与公共设施更新

Chen Dijia: Regeneration of planting and public facilities along Sujiatun sidewalk

经过对基地周围多条街道人行道边绿化带及公共设施的调查，发现苏家屯路是比较有特点的。虽然它的人行道尺度大，绿化较多，但通行宽度小，行走不便，晚上利用率低。解决的主要策略是为这类人行道设计一种绿化与公共休憩空间紧密结合，并保证足够人行宽度的构架类型。

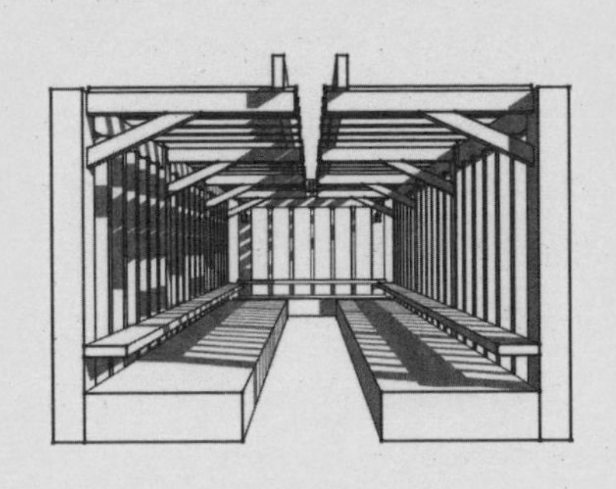

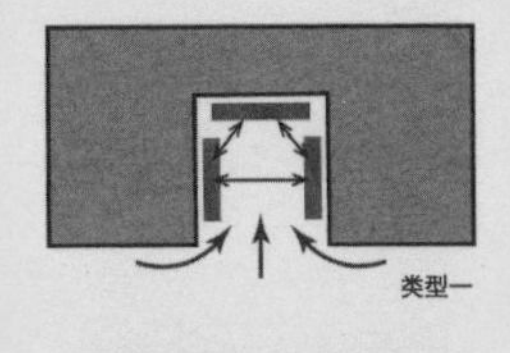

类型一

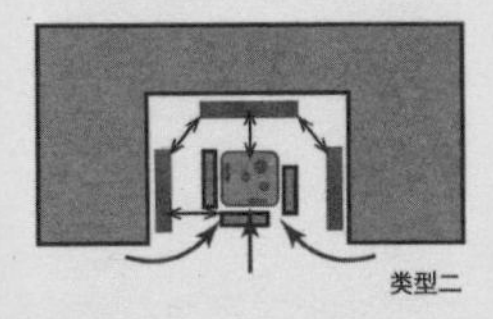

类型二

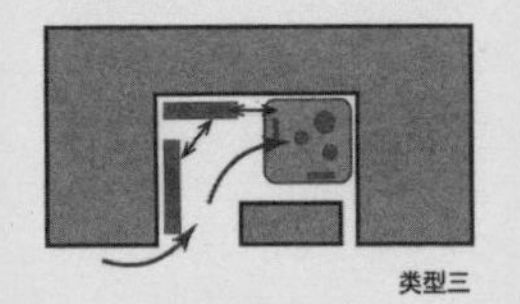

类型三

张斌：这个设计的调研、总结及设计过程非常完整。通过大家的调研我们看到一个现象：苏家屯路人行道的绿化面积很大，但是使用的人很少；而我们基地对面的街道上没什么绿化，却有很多老人在那里活动。这应该是资源分配不均的问题。你设计的这个空间可供 10 个甚至更多人来使用，但这个地点是否能持续吸引那么多人同时用这个设施呢？人来不来使用这个空间不取决于这个设计的好坏，而是取决于整个社会人群的分布状态。资源分配与使用状况不匹配是这个区域的一个特点。矛盾很大时就需要调整，设计在这个层面上能做什么，这是我们城市微更新提案应该关注的。

王方戟：你对这个区域人行道边绿化现状的梳理很清楚，设计构件在尺度上也比较合适。你在调研中得出结论，公共空间过于私密不吸引人，过于暴露也不吸引人，因而你做这个空间构架，让它介于公共与私密之间。你的关注重点在于可能使用这个设计的人群，这是为他们做的设计。但道路行人、偶然来这里唱歌的团体等人群也需要被考虑。你应该在整个社会的层面上理解这个空间，关注点应该更宽泛一些。

总结
Summary

回顾前三次课程的内容：第一次是让大家在城市中发现自己的兴趣点；第二次是利用团队合作的方式进行调研，并对调研成果进行梳理；第三次城市微更新作业是让大家找到一种设计的方式切入城市，并提高城市功能的可能性。大家通过设计，并听了老师们对这些设计的评论后，应该已经对设计与城市之间的关系有所理解。这种理解是下一阶段做设计的前提。在城市中，除了空间形态，大家也需要关注诸如土地属性、产权所有者、公共性、私密性等问题。只有这样同学们才能理解城市形态形成的方式，而不是被形态这个单一因素牵着鼻子走。

比如今天有的同学要对通往公共屋顶平台的楼梯进行调整。这个楼梯除了具有功能上的交通作用外，也是可以被街道上的人看到的，它在视觉上也有一种象征意义。但这种象征性如果设置不当就不会成为一个好设计。要是在屋顶上只有两三个门洞的住宅，而你做一个很大很漂亮的西班牙大台阶通上去，即使这个台阶形象很美，由于它的尺度及公共性象征非常不恰当，那也就不能被称为一个好的设计。这不仅仅是设计的问题，也是城市各个要素之间社会性关联的问题。

比如居住这种功能是不希望被打扰的，但又希望从城市能舒适便利地到达。住宅的这种属性不是用建筑的空间、平面以及形式构成就能做到的，它需要通过公共及私密之间关系的小心经营才能获得。

再比如有同学提到在小区门口增设水果摊的事情。要弄清楚这个问题，不应该只考虑在哪里加一个水果摊，而是要思考那些水果摊现状的位置是怎么形成的。他们那些半违建的店面是从谁那里租来的？他们占据了公共空间为什么没有被取缔？这种类型的摊位是不是世博会一来就要关门？等等。

社会意义加上设计才使一个城市空间中的项目得以成立。我们希望通过这三次课程培养大家对设计及城市关联的意识，在做设计的时候能有足够的社会性思考，而不是急于塑造形态和空间。

王方戟

Student assignments

课程作业

飞毯院
Courtyards on a flying carpet

学生

黄艺杰

导师

张斌

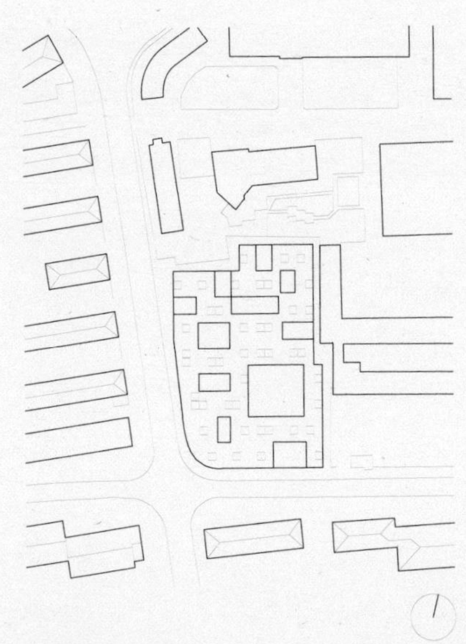

总平面图 1：3000

当菜场与高密度住宅结合时，我们一般采用下面大空间、上面住宅的组合方式。这种方式带来的问题是菜场的环境质量不高，住宅的高密度开发让延续的楼板阻断了我们在垂直方向与自然的交流。

对于传统的院落式住宅，当我们把它分成一个个独立单元的时候，它们之间是保持间距的。如果取消间距，并进行错动，就可以留出所

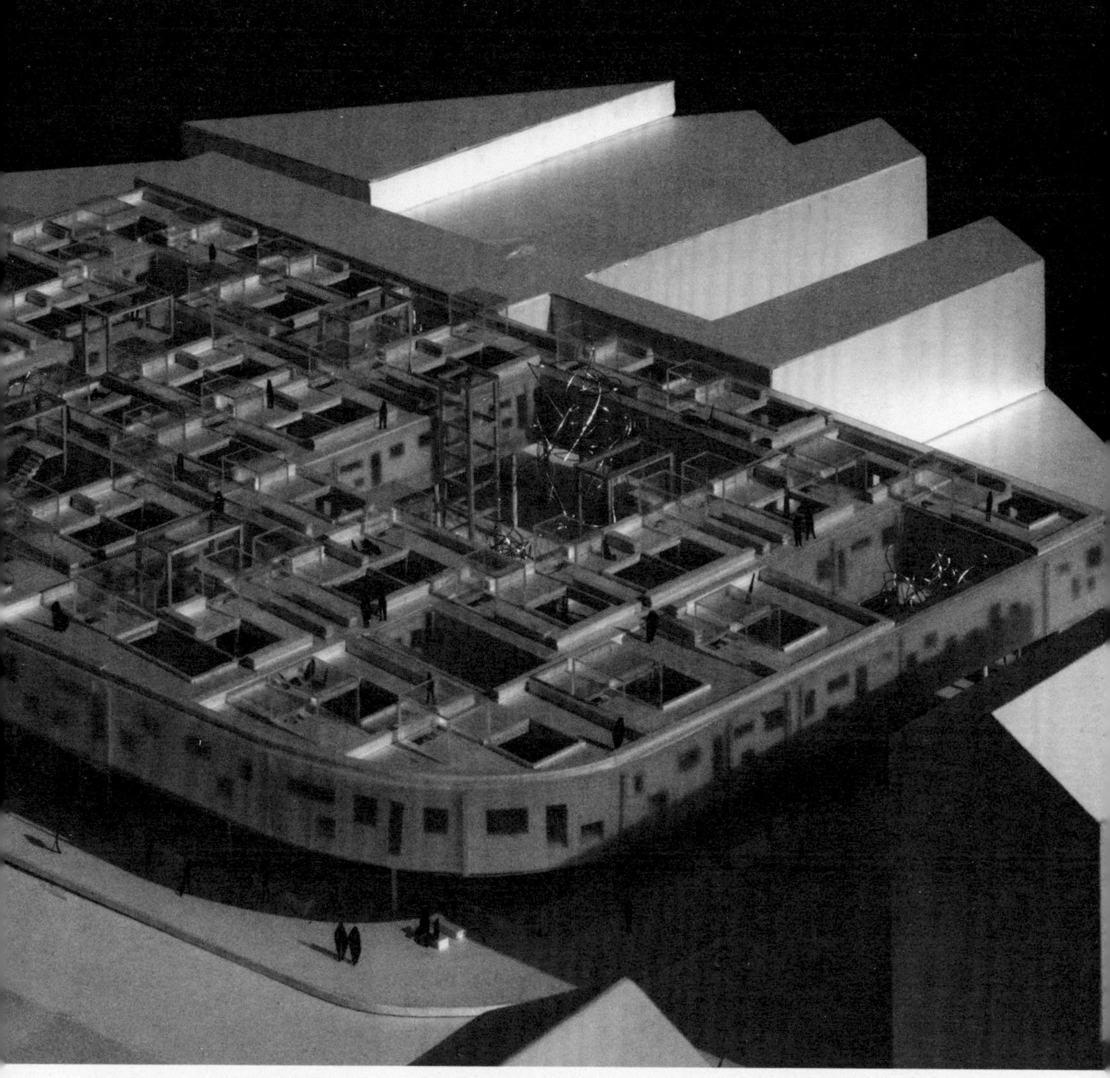

谓的院子。这个院子既是住宅的开敞面，又是下面菜场的采光通风的天井。垂直方向上划分为三个空间，下面是城市里的菜场空间，是公共的；上面（屋顶）是居民的花园空间，是半公共的；而中间一层的住宅又是私密的。

传统的菜场中摆放在大空间内的摊位，我将其提纯为一个个最小单元，可以各自独立管理，从而在菜场的大空间中实现相对自由的摆放。具体做法是先控制院子，院子又受限于三个要素：一是户型平面，每户必须有一个院子和一个面向院子的开敞立面；二是相对于城市沿街立面的三条轴线关系；三是照顾保留的四五棵近 20m 高的树木。此外，我对空间及道路等级进行了划分，对摊位等最小单元所必需的尺度进行了计算，综合考虑，形成最终的平面布局。

户型中主要居室都面向院子，即主要开窗面；厨卫等都靠近城市空间。入户方式比较特殊：先进入菜场，上到屋顶平台，再下到各户。使用轻钢结构，屋顶上入户口采用玻璃盒子。

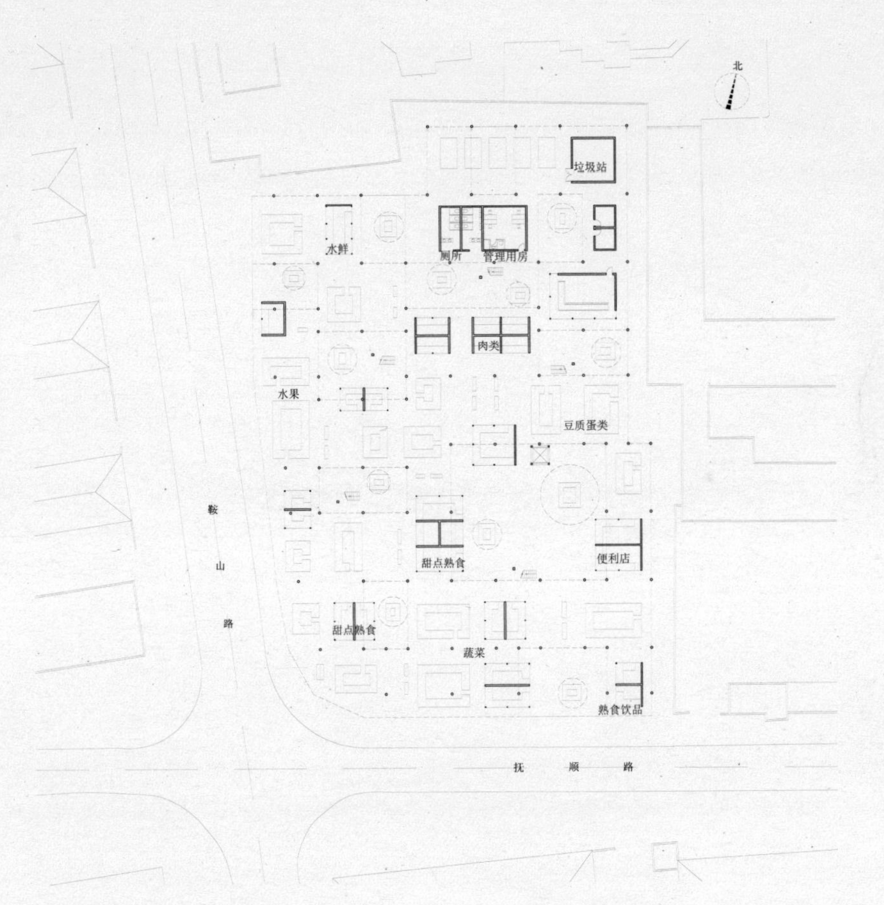

一层平面图 1：1000

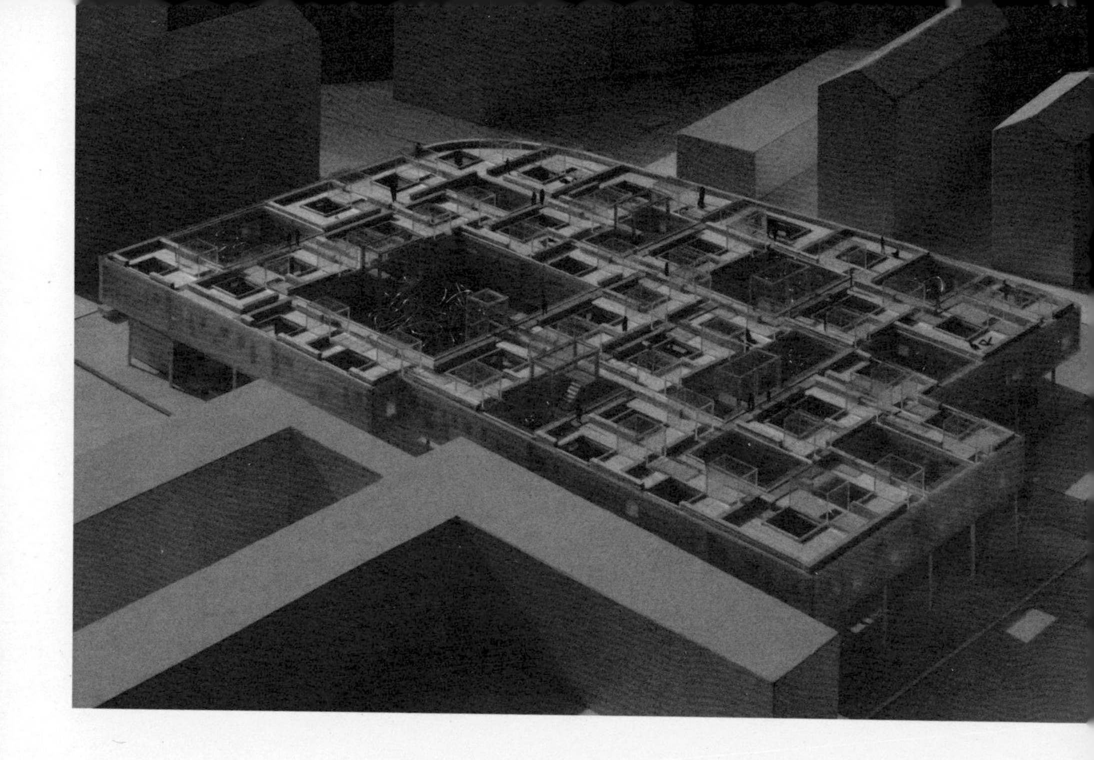

墙身图 1：200

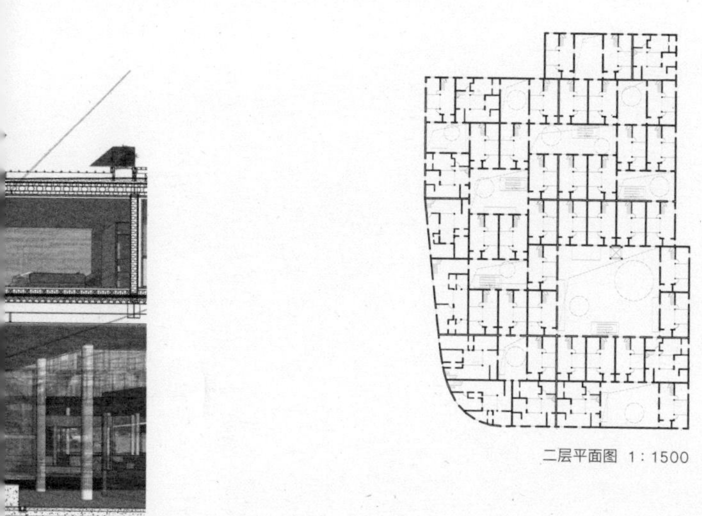

二层平面图 1：1500

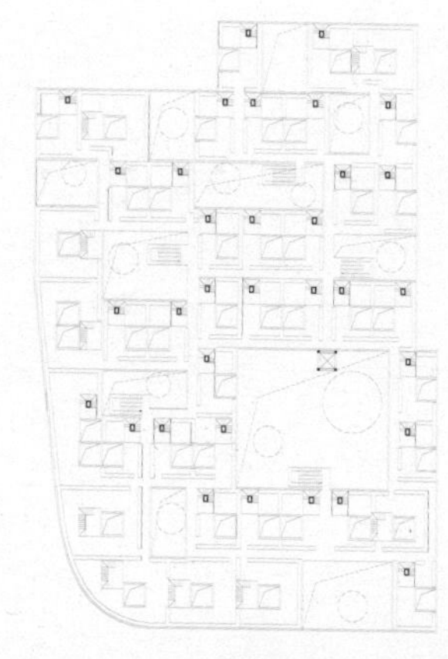

屋顶平面图 1：1500

张永和

这个方案的入户方式是先让人上到屋顶，再从屋顶下到各家各户。我比较好奇这种做法是由逻辑自然生成的，还是密集平面布局后不得不采取的无奈选择？是否还有其他入户的可能性？OMA 做的福冈香椎集合住宅也用了相似的格局，底层有一定面积的店铺，住户都是从地面层上去的，是一个挺有意思的方案。

我参加了这个课题的中期评图。那时候我对最后成果并不抱太大希望，觉得大家的方案离一个具有一定研究性及深度的成熟设计相差得比较远，但最后评图时看到成果，我觉得很振奋。这个设计中建筑的大关系想得很清楚，设计也非常深入到位，平面图上将构造表现出来是很好的表达及设计方法。

这个设计建筑的边界与城市街道相呼应，即让城市条件决定建筑的体型和体量，这一点很好。设计的户型做得也挺好。课程中有的方案用了市场化的户型，而这个设计的户型是创新的。我不认为建筑师要相信市场——他更要相信建筑。应当是建筑师决定市场，而不是市场决定建筑师。

陈屹峰

中期评图时我对这个设计有很深刻的印象。设计的最后成果完成得非常完整。设计的概念清晰，操作手段也易控，表达很清楚。

我对两个事情比较好奇。第一，将住宅完全架在菜场上面是一个比较大的动作，这样做的好处是显而易见的；但这个菜场空间要如何更好地定义？尤其是晚上停止售卖活动之后，这个空间如何被使用？这应该是可以深入挖掘的。第二，我认为方案中先上后下的入户方式是为了保证概念的纯净。这一点确实做到了。但我不确信这是最好的方式，毕竟居住功能并不一定非得如此清晰地与其他功能划分开来。

刘可南

这个设计的城市界面比较清楚，菜场部分和住宅部分对外的界面也清楚。事实上，是不是有一点太清楚了？比如说方案二层的界面，沿着基地，有一个非常强烈的完整的表达，而作为两条街道对面的城市界面，事实上是非常丰富而且富有变化的。二层这样完整的界面，还带来一个坏处，就是几个沿着建筑街道界面的院子，本来有机会和城市产生一种更加积极的互动，但在这个处理下，却变得匀质而且无趣了。建筑和街道在剖面上的关系比较单一，建筑和街道对面的建筑也不会产生互动。所以我认为，对于二层的处理，在设计中可以加强建筑内公共空间与城市空间的关联。

拉斐尔·古里迪·加西亚

这是个很有意思的方案，完成得也很好。我比较喜欢摊位与店铺的组织方式，以及屋顶的景观系统。在教学过程中讨论过这个设计，建议考虑标识性设计，让人走上屋顶后可以比较清晰地找到想去的住户而不至于迷路。把面对街道的立面与面对基地内部的立面处理成一样的，还是不太妥当。

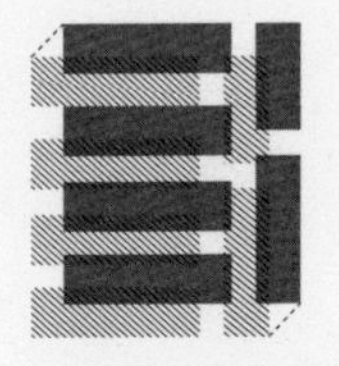

菜场街
Market street

学生

夏孔深

导师

张斌

总平面图 1：3000

设计试图在保证住宅"宁静舒适"的居住品质的同时，创造菜场"热闹高效"的商业氛围，平衡二者的矛盾冲突，实现菜场与住宅各自的价值。

设计的出发点是对街市的兴趣。不管是马路市场还是街市，街道可以提高商业效率，反过来，商业又

能激活街道活力。两条街道延续场地肌理，穿越菜场，结合摊位布置形成“街市”，提高了菜场的商业效率，并解决了采光通风等问题。

上部所有住宅均为双层跃层户型，并通过退台处理，在保证住宅日照充足的前提下创造出宜人的街道尺度。每户住宅的二层为南北双向的露台，有效减少了菜场对居住的影响。在构造层面，住宅、菜场均采用统一的砖混结构，菜场结构与住宅结构相互对应，并与菜场摊位相结合，实现一体化设计，形成介于摊位与店铺之间的售卖形式，恰好契合街市所需的商业形式。

北
垃圾房
家禽
家禽
家禽
管理房
水果
蔬菜
豆制品
肉类
水果
蔬菜
豆制品
水果
蔬菜
豆制品
商铺
鱼鲜
水果
蔬菜
豆制品
肉类
鞍山路
抚顺路

一层平面图 1：1000

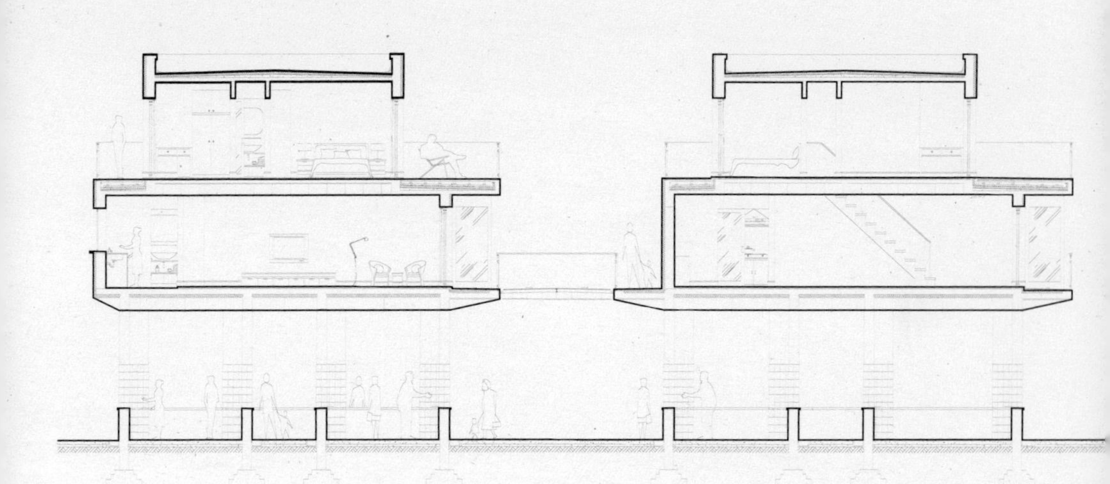

墙身图 1：200

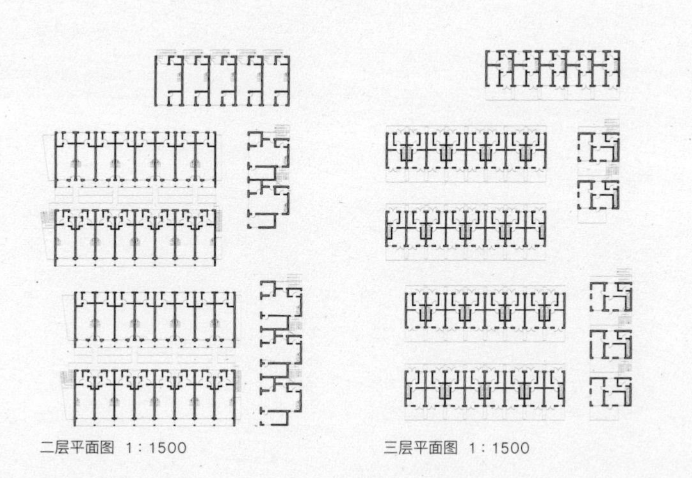

二层平面图 1：1500

三层平面图 1：1500

陈屹峰

这个设计四平八稳，均好性很强，也很务实，但总觉得缺少些什么。这就不得不提到建筑设计到底是要做什么的问题了。建筑师应当为建筑的使用者带来某种情趣，甚至是精神上的感召力，而不仅仅是一种使用上的高效。仅仅要满足功能的话，工程师也可以解决，没有必要让建筑师来做。在满足基本要求的前提下，还要有一些更高层次的考虑。这位同学说在设计中用砖混结构，这样的话，设计要做的就是挖掘或发展出砖混结构更加有趣、更好的解决方式，而不是满足于常规的做法，让设计平庸化。

拉斐尔·古里迪·加西亚

这个设计考虑到了其他设计所忽视的噪音问题。设计在菜场顶上与住宅交接的地方覆盖了玻璃，试图以此隔绝菜场噪音对上面住宅的影响。清晨菜场货车卸货时的噪音确实是很大的问题，这个方案解决了这一问题，非常务实。但从设计角度看，它确实缺少一种感染力。

刘可南

这位同学想在一个特别务实的层面上去思考设计，这样的话就应该唤起更多的现实问题，并用设计去回应它们。目前这样的排布方式主要是为了释放空间压力，还做了一些其他惯常的工作。作为一名建筑师，仅仅完成这些还不够。但这个设计的成果还是非常完整的。

水雁飞

从非常务实的态度出发去做设计没有问题，但在推进的过程中，这位同学给自己的限制太多，导致设计缺少激情。在最后的成果中没有看到他依托这个出发点所进行的可以进一步发展的东西，设计最后落入平庸。这也是我们在实践中会遇到的两种极端状态：一是完全放弃追求与激情，以一种完全的务实态度去完成建筑；另一种是完全主观的、天马行空的想法。如何实现一种平衡，在设计当中非常关键。

叠叠屋
Stacked housing

学生

吴潇

导师

张斌

总平面图 1:3000

上海的菜场经历过一个从马路菜场到室内菜场的过程，但市民特别是老年人对开放的马路菜场还是很怀念。因此我设计的菜场是完全开放式的，白天卷帘门全部打开，晚上关闭，人们可以通过廊道进入内部的大空间进行其他活动。

菜场是尽可能开放给顾客的，住宅则更需要安全感和私密性，将这两种要求截然相反的功能结合起

来是一次艰难的尝试，因而选择了从对空间和环境要求更高的住宅开始着手设计。将每户设计成为 L 形的单体，便于进行空间上的组合。大户型则是两个 L 形叠合起来，用内部的楼梯解决交通问题。再在单体组合的基础上形成一个较为私密的内院空间，满足住宅内部的私密性要求。这种组合方式同时使得每户在 L 形空间的转折处享有一小片更为私密的阳台。

结构方面，住宅采用轻钢结构，菜场与廊道为混凝土结构。人在入户时要经过一个从公共性到私密性的序列变化。为了实现这种空间，在建筑体量组合的过程中每个单元都形成了比较大的悬挑，因此采用轻钢结构。对于菜场的设计，基于前期的调研，菜场内部需要将不同的销售区域加以划分。为了统一上下的结构，在设计中将上部住宅的结构落下来，菜场是根据住宅结构的柱网划分的。

对于菜场和住宅结合部分的交通设计，选择增加一层菜场和住宅间的交通空间，作为从公共到私密的过渡，使从菜场回家的人们可以逐步感受到空间品质的变化，并最终通过外部的楼梯回到私密的家中，不受菜场中多样人群的影响。

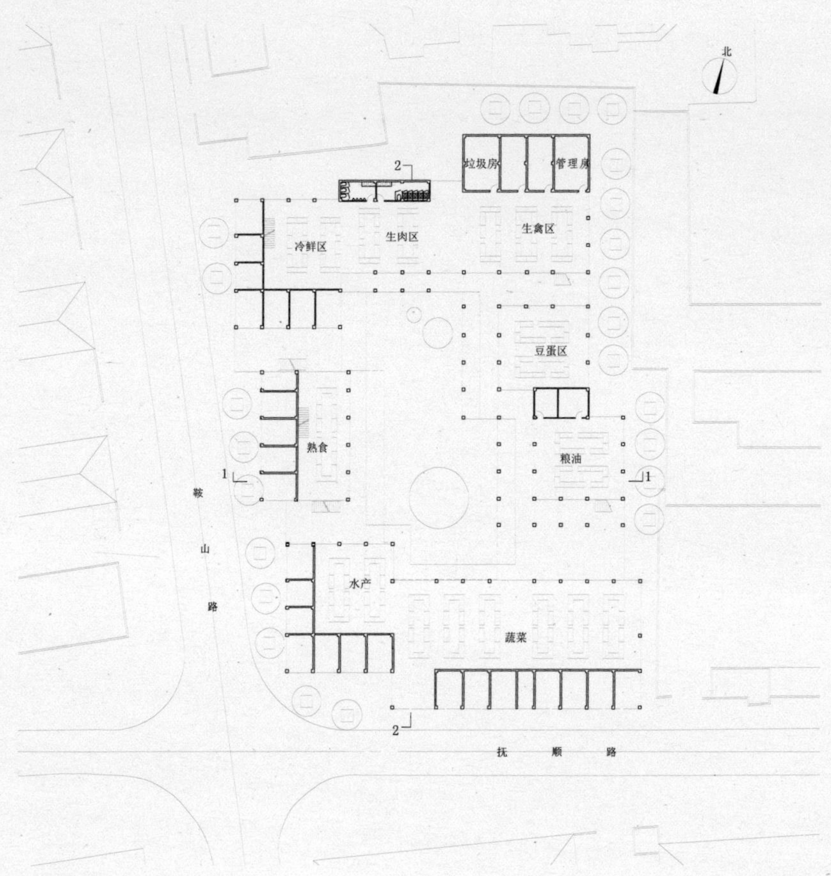

一层平面图 1：1000

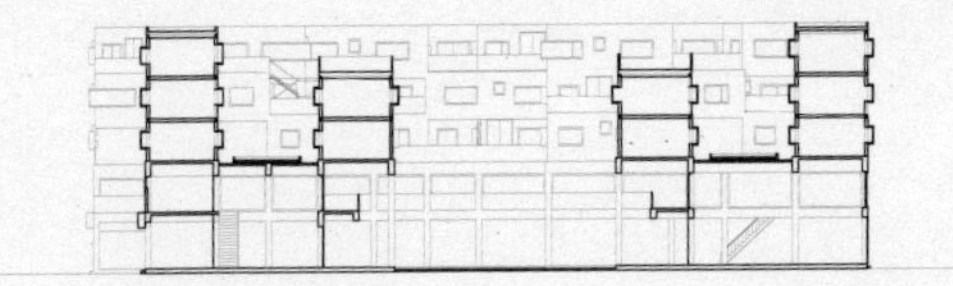

1-1 剖面图 1：1000

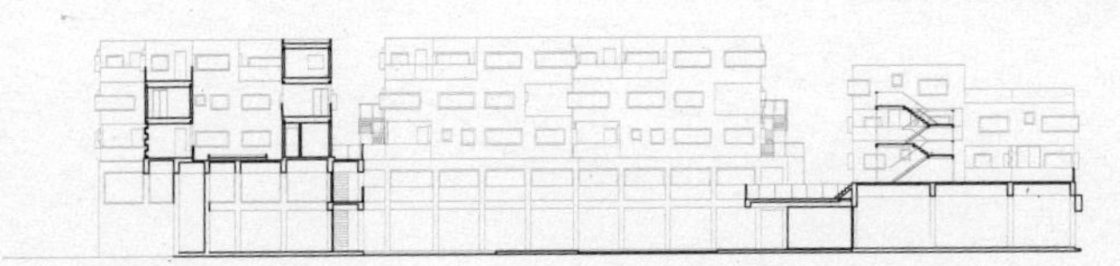

2-2 剖面图 1：1000

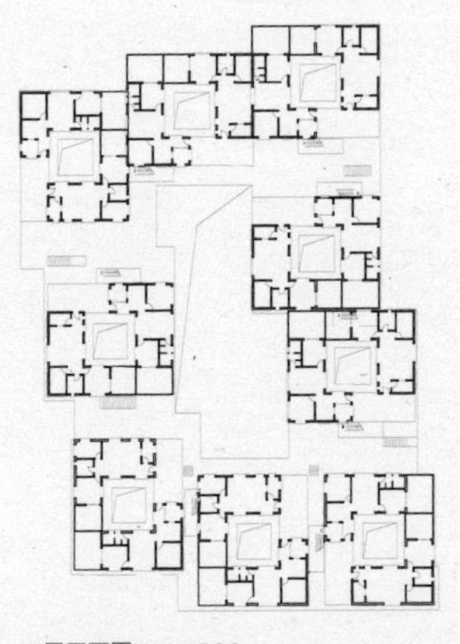

二层平面图 1：1500

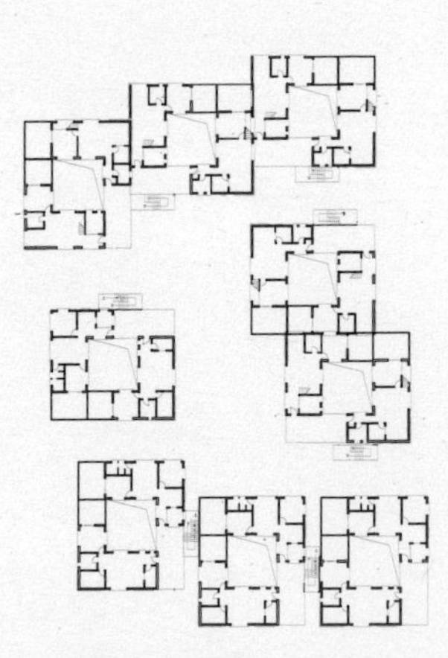

三层平面图 1：1500

张永和

这个设计是用L形住宅组合形成“回”字形的单元。户与户之间、单元与单元之间，都会因为窗户太近而产生对视的问题，影响住户的私密性。设计中由单元组合起来的空间不见得会达到具有单元感的使用状况。因为目前设计出来的围合空间是公共性不强的通过性空间，人们很难在这里停留。这是这个设计的主要问题。方案的概念比较清晰，但在将概念深化、让功能更加合理方面稍微欠缺一点。方案中楼梯的处理显得比较随意，不像是经过整体及综合考虑后得到的必然结果，而是一种无奈的选择。

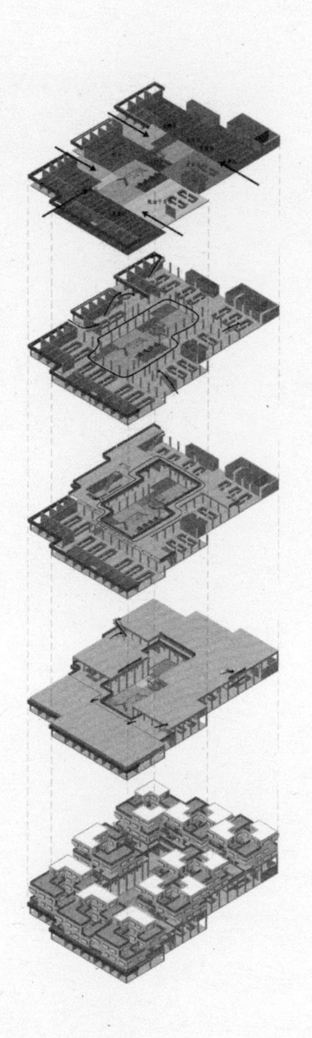

陈屹峰

设计者想在住宅部分的公共空间中实现从公共性到私密性的渐变，这种公共性的等级是此设计的主要出发点。这个出发点没有问题，但首先，在这些半公共空间中是否可能发生设计者所期待的活动，这是个疑问；其次，按照目前的安排，很多半公共的空间都被放在住户的窗前，影响了住户的私密性。这些都让半公共空间的有效性降低。

刘可南

这个设计中，住户进入住宅的方式与其空间形态之间的关系不太清楚。进入住宅的交通流线本身也不是很清楚。

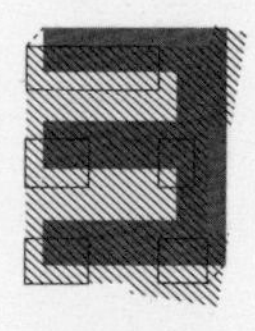

悬挂的家
Suspended housing

学生

韦寒雪

导师

张斌

总平面图 1：3000

基地附近都是较高密度的住宅区，跳广场舞的大妈们、溜冰玩滑板的少年们、遛狗的大爷们等，很难在这里找到一个合适的一起活动的场所。而节庆集市、重大活动在这片稠密的住宅地段都无法举办。这片区域缺少一个能融合多种城市活动的容器。这个容器可以成为城市活力的激发点。

在寸土寸金的地方很难开辟足够大的场地，因此时间和空间上的分层利用很重要。空间分层上，住宅被放在上面，菜场和城市广场被放在下面；时间分层上，是错开菜场的使用时段和城市公共空间的使用时段。

菜场摊位被设置成可移动的，因此摊位分布密度可以人为调整。白日里菜场发挥其菜场的功能，到了晚上部分摊位可以收缩，给跳广场舞之类的城市活动腾出空间。如果要举办大型活动，可将摊位全部收缩到一个角落。可移动的摊位解决了货物运输流线的问题，货车只要停在外面，摊位可以移动过去拿货。另外，悬挂的结构和平面铺开的住宅也为屋顶花园带来了可能。

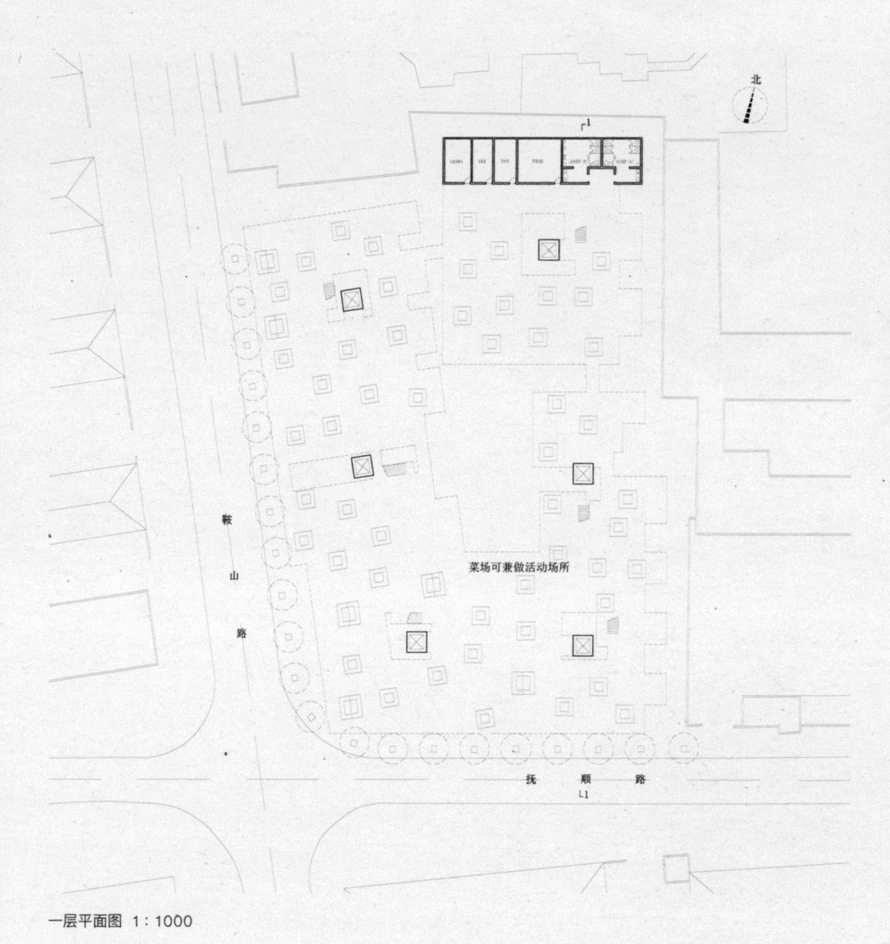

一层平面图 1：1000

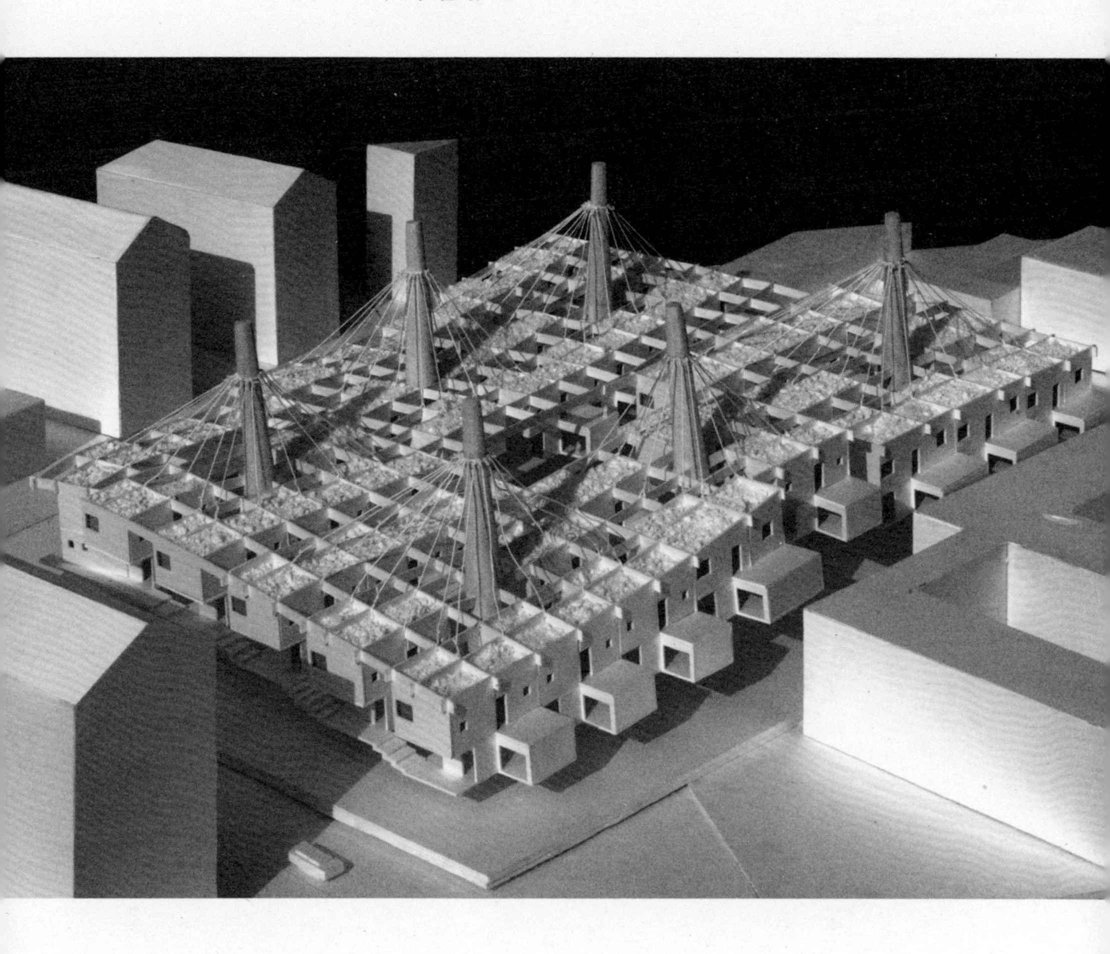

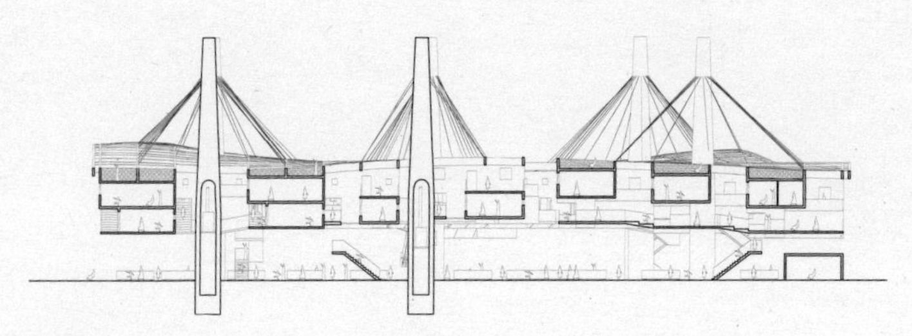

剖面图 1：1000

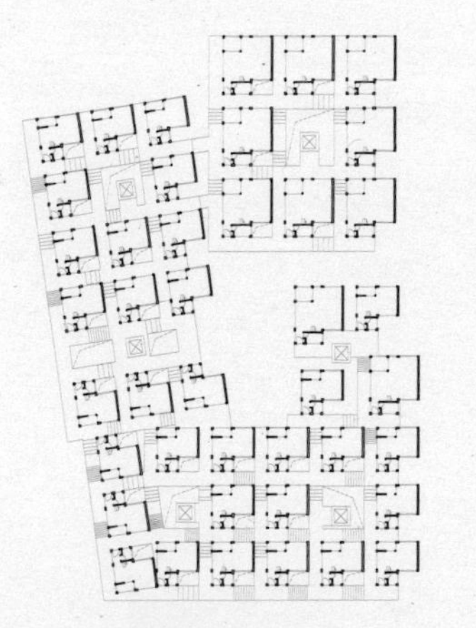

二层平面图 1：1500

屋顶平面图 1：1500

陈屹峰

这个方案在中期评图的时候也是争议比较大的。结构上做这么大动作的意义不够充分。一方面，菜场是日常的空间，不必非要兴师动众地架起来形成一个无柱的大空间，但最终的成果比中期时要处理得好一些；另一方面，住宅被漂起来的意义似乎也不够。特别是采取这么复杂的结构体系来做，感觉楼梯应该围绕着放电梯的柱子，这样结构更加纯净，否则空间会被楼梯干扰。这个方案要找到充足的意义，并能自圆其说才行。

刘可南

这个设计中的菜场是一个全天候的广场空间。结构选型是方案的主导和出发点。但我觉得一般情况下，结构在方案设计的诸多因素中应该是一个配角，空间才应该是主角，尤其在这种功能及规模的民用建筑中。方案更应该从空间、功能等因素出发，再考虑以什么样的结构形式去实现它们，而不应该直接从结构出发。这个方案的目的和手段之间的关系似乎还需要推敲。完成的结果似乎也不是最佳状态。

正常营业　　重大活动　　晚上（跳广场舞）

拉斐尔·古里迪·加西亚

这是一个非常复杂、成本很高的项目。方案在设计过程中与老师有过很多讨论，相比于前期成果，这位同学已经对设计改进了很多。我个人倒是觉得让柱子保持纯净，楼梯另外设置也许是比较好的。在本方案中结构的表现确实是非常重要的。我不会建议我的学生这么做，但不管怎么说，这么复杂的方案能完成到这个程度，还是非常不错的。

菜场旁的家

Home next to market

学生

王旻烨

导师

张斌

总平面图 1：3000

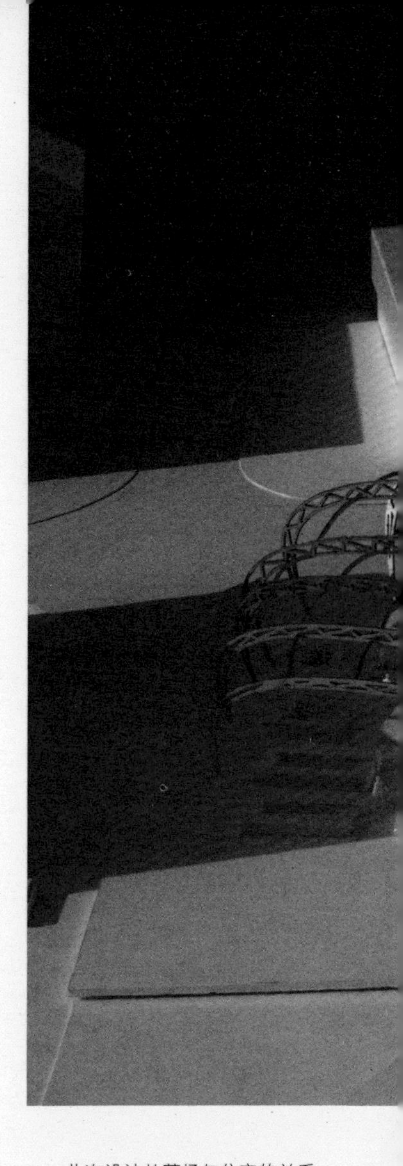

此次设计从菜场与住宅的关系出发，基于菜场带来的气味、声音等一系列与住宅所需环境相反的状况，在处理菜场与住宅的关系上选用了分离的方法。通过几何的处理手法，为两种活动分别塑造了理想的环境。半圆环带来了内向的居住空间，开敞的公用廊道分为南北两

种，提供了不同活动的可能性。整个住宅空间自身的内向性又包含了从封闭、半开放到开放三种空间，创造邻里互动氛围。

住宅内圈有一圈加宽的可以进行其他交流活动的外廊；圆形缺口的地方加了坡道，加强两端的联系与空间体验。对于西向的住宅，通过设置阳台，可以一定程度上受到南向的光照。

菜场则选择了面向街道开敞的方式，并通过膜结构的透明性强化这一特征。开敞、多入口、充足的光照、集中的摊位，塑造一个环境舒适、方便有效的市场。在住宅与市场间有一条联系两者的街道，住宅底层面向菜场的一方作为店铺，与市场互为联系，在菜场关闭时作为补充，主要为住宅内部使用。这条街道可增强整个区域与周围街道的联系，提升商业活力。

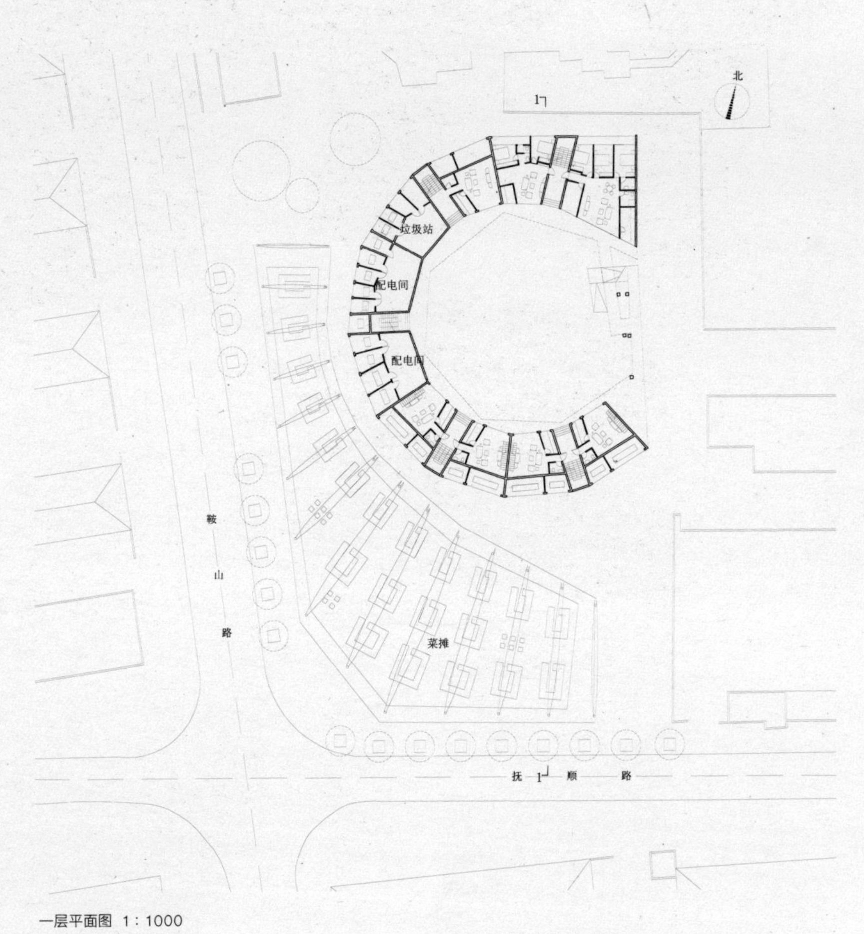

一层平面图 1：1000

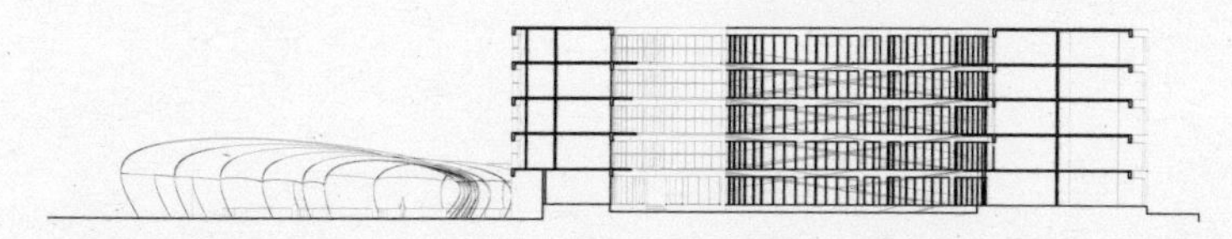

剖面图 1：1000

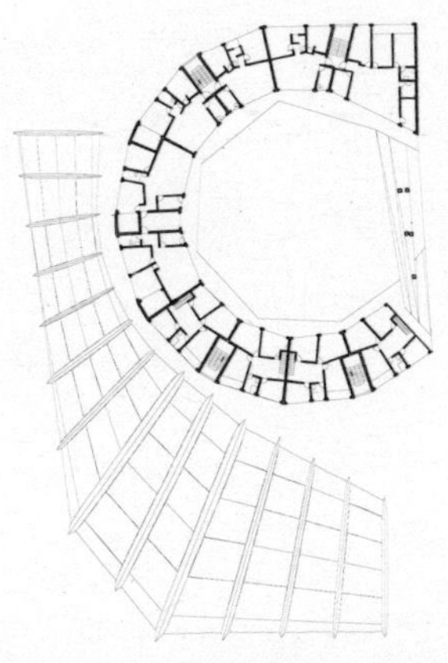

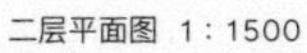

二层平面图 1：1500

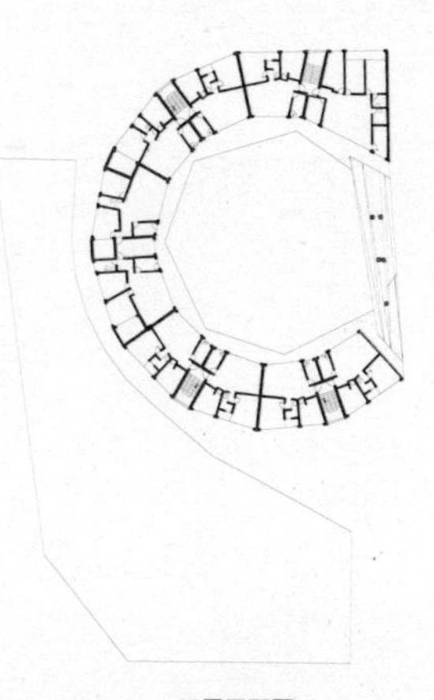

三层平面图 1：1500

张永和

这个设计中住宅与菜场看上去没有关系。菜场在住宅南面，它的高度会对住宅的二层和三层产生视线及光线的遮挡。住宅底层临近菜场的部分是不能做住宅的，可以将这部分都做成店铺，与菜场主体之间形成街巷。但目前这样设计，这个街巷空间也没有处理好，显得比较消极。

刘可南

将菜场与住宅截然分开的做法是不太容易做的。目前这么处理，把住宅的内院与城市公共空间完全隔离开来，让它仅仅属于住宅，这样住宅的半公共空间与城市空间之间就没法形成呼应。

陈屹峰

虽然菜场与住宅在功能及空间上都很不一样，但它们毕竟是被并排放在一起的，因此相互之间需要在形态上有一些呼应。这个设计将两套完全不同的形式语言并置，但又看不出这么处理的意义及好处何在，因而可以说菜场与住宅之间的关系处理得不好。如果要分开做，就一定要把这么做能带来的好处表达充分。

拉斐尔·古里迪·加西亚

这个设计将C字形住宅的开口朝向基地内的围墙及隔壁建筑，而把背面朝向城市街道，这样布置住宅的策略看上去是有点问题。

标准与自由的聚落
Standardized cluster

学生

唐韵

导师

张斌

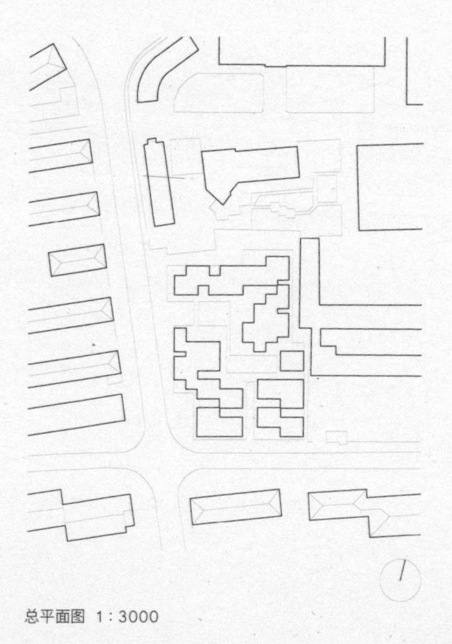

总平面图 1：3000

目前基地上的功能包括厂房、宾馆和小区，在城市肌理上与周边的板式住宅有很大差异。沿街有许多大进深的店铺，街角有一家人气旺盛的水果店，内部是社区。公共性和私密性被店铺截然分开，沿街店铺隔断了菜场与街道的联系。因此我想将室外生活引入菜场，设计一个可以在小广场与庭院间穿梭，实现内外交融的菜场。而这种连续的行走体验也希望在住宅部分得以保持。

菜场部分的策略，是利用街角地块与城市的紧密联系，创造出一条穿越的路径，靠近鞍山路的地方设置开敞的广场界面吸引人流，进入广场后，可以看到两侧都是商铺的巷道，它们连接了庭院与广场，以及庭院与街道，并且将菜场划分为五个组团，在各个组团中，摊位向街道和广场开敞，而店铺被整合到小巷两侧。靠近北面的菜场抬高，插入了一条服务于社区的流线，同抬高的住宅下面的一系列社区活动室的流线贯通，形成住户回家路上的公共性空间。

住宅采取小尺度的跃层户型，面向下层庭院跌落布置，强调面向庭院的向心性。这样每户就有了自己的屋顶花园，并达到标准化与多样化的平衡，创造出不同的体验。住宅独立入户，整体上对于下方庭院呈退台式布置，强调下方庭院的向心性质，高密度平铺的布局使每家每户都有自己的屋顶，可以自由布置平台景观。

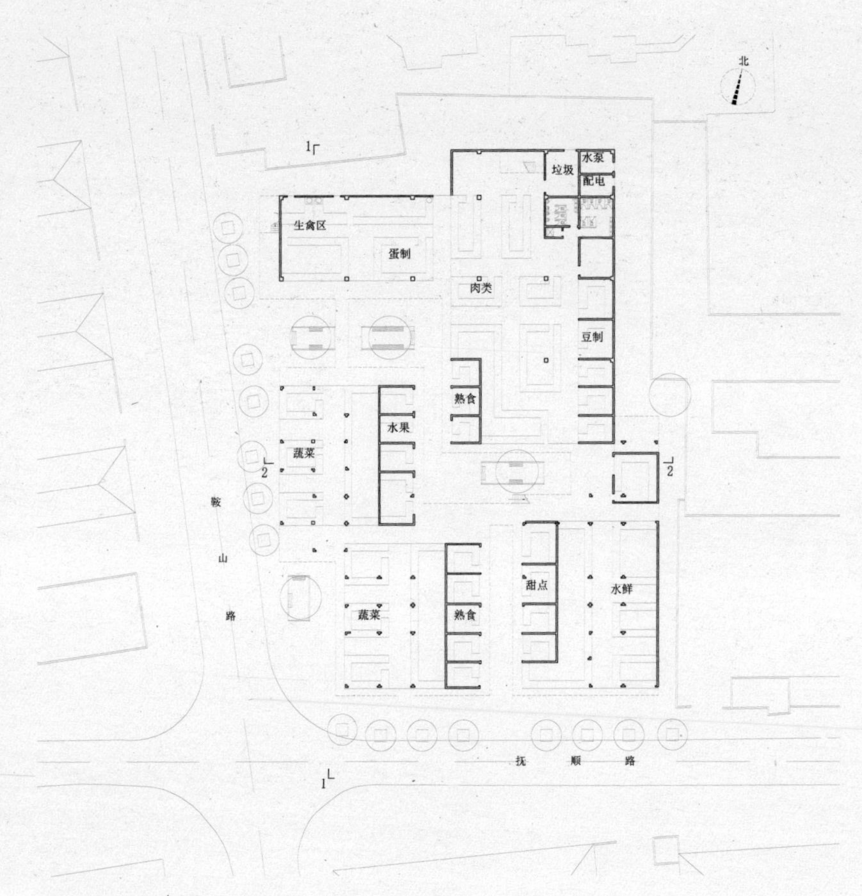

一层平面图 1 : 1000

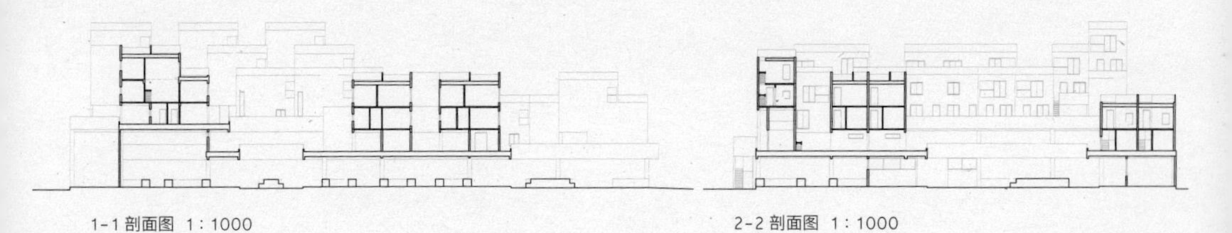

1-1 剖面图 1：1000

2-2 剖面图 1：1000

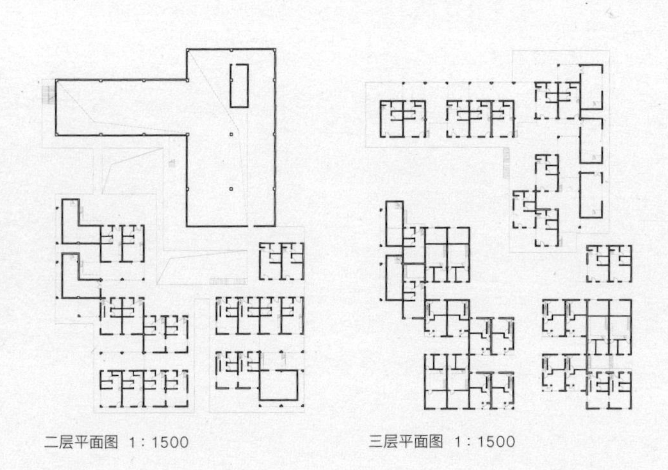

二层平面图 1：1500

三层平面图 1：1500

陈屹峰

这个设计中老年活动室没有足够的采光。从这点看出，这还是一个从形态出发的设计。为了坚持现有的阶梯状的形态，出现了无法定义的空间，不得已加了一种不见得合适的老年活动室的功能。另外，由于建筑体量还是比较散落的，没必要用一个从头到尾连贯起来的标准柱网把建筑全部覆盖进来，这个柱网对建筑形态产生了束缚。与中期成果比起来，现在有了进步，但仍存在一些比较消极的空间。是否可以增加北部住宅的量，抽掉南部部分住宅，以减少采光的压力？这样就不需要增加菜场的空间高度，住宅本身的跌落就可以实现建筑体量的升高。

张斌

老年活动室部分确实是不得已的选择。设计开始的时候并没有考虑到这项功能，随着方案的推进，出现了这些不好定义的空间，才临时决定将它们设定为老年活动室。这么做不仅仅是从形态考虑，也是对住宅采

光的考虑，因为住宅的体量之间间距很小，北面住宅部分最下层的那些部分是很难作为住宅使用的。

拉斐尔·古里迪·加西亚

这个设计在排列住宅的方面改进了很多。这位同学试图用一套相似的比例去统领整个住宅系统，其结果还是实现得很不错的。设计能将所有的户型及屋顶庭院做得基本一样，我觉得很好。这与BIG设计的一个方案很像，即以一个简单形状的单元体进行不同的组合，形成很大的住宅体。

刘可南

这个设计的部分住宅立面上开窗比较大。开这么大的窗，必然是出于视线上的考虑，但住宅之间的间距又比较近，在这种间距的住宅上开这么大的窗是有问题的。设计应该多从使用角度考虑，而不是仅仅企图在形态上达到整齐划一的效果。这个设计与其他几个设计一样，都是由内而外做方案的。这样做出来的方案对建筑与城市空间的关联考虑不多。其实这类建筑还是应该多考虑一些与城市街道界面的呼应，体现一种相对更谨慎的城市态度。在城市中建筑形式要尽量表达出充分的存在理由，不要仅仅从场地内部、建筑本身形成形态。

花园上的花园
Garden above garden

学生

谢超

导师

张斌

总平面图 1:3000

通过住宅单元的退台、菜场内院和住户花园平台的设置，在不同层次、不同标高、不同规模上设计可对话的花园、平台，促进城市、菜场、住宅三者的交流，以达到菜场、住宅和谐共存的目标。

菜场采取商铺和摊位分离布置的策略，意在形成一条干净的沿街商业，转角处保留一间原来的水果超市，同时并置被打散的多个菜场入口。摊位则利用上部住宅的柱网单元，归置同一类食品，并可独立开闭。大的菜场花园成为一个缓冲、交流的共享空间，形成城市—沿街商业—菜场花园—内部菜场的空间层次。花园中的大树是每一个入口的对景。

住宅部分则在南面进行退台、错动，形成“7”字形的锯齿状格局，每户设置私有的互动花园平台，可共享二层的带状花园平台。每个住宅小单元由四户叠错而成，分别是二层的大进深平层大户型、三层的平层小户型、三四层的跃层小户型、四五层的跃层小户型。花园平台沿街种树，形成一定的围合感。入户交通置于后部。

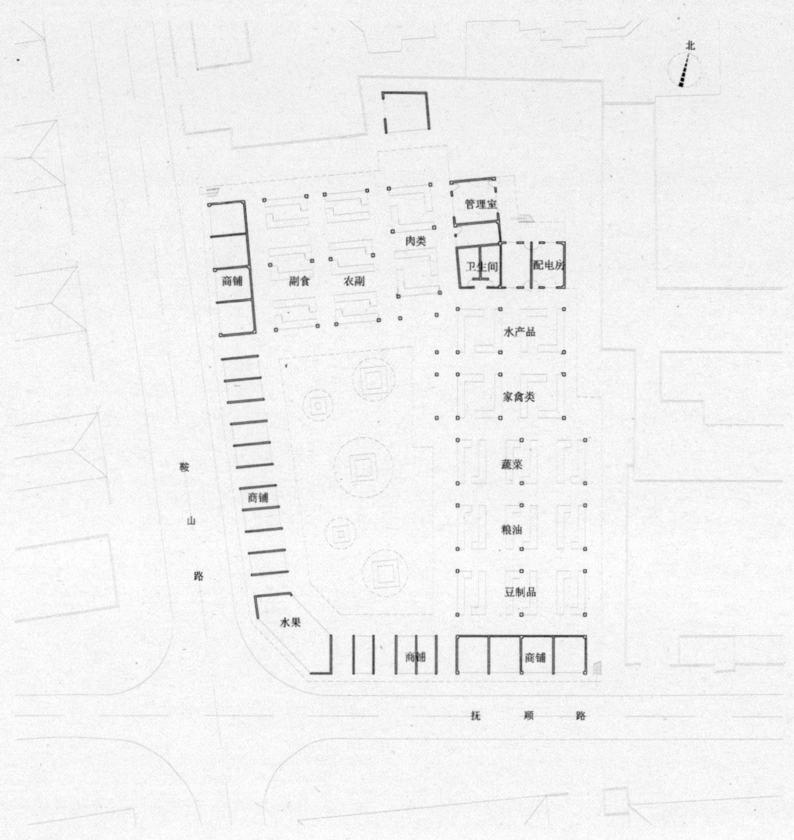

一层平面图 1：1000

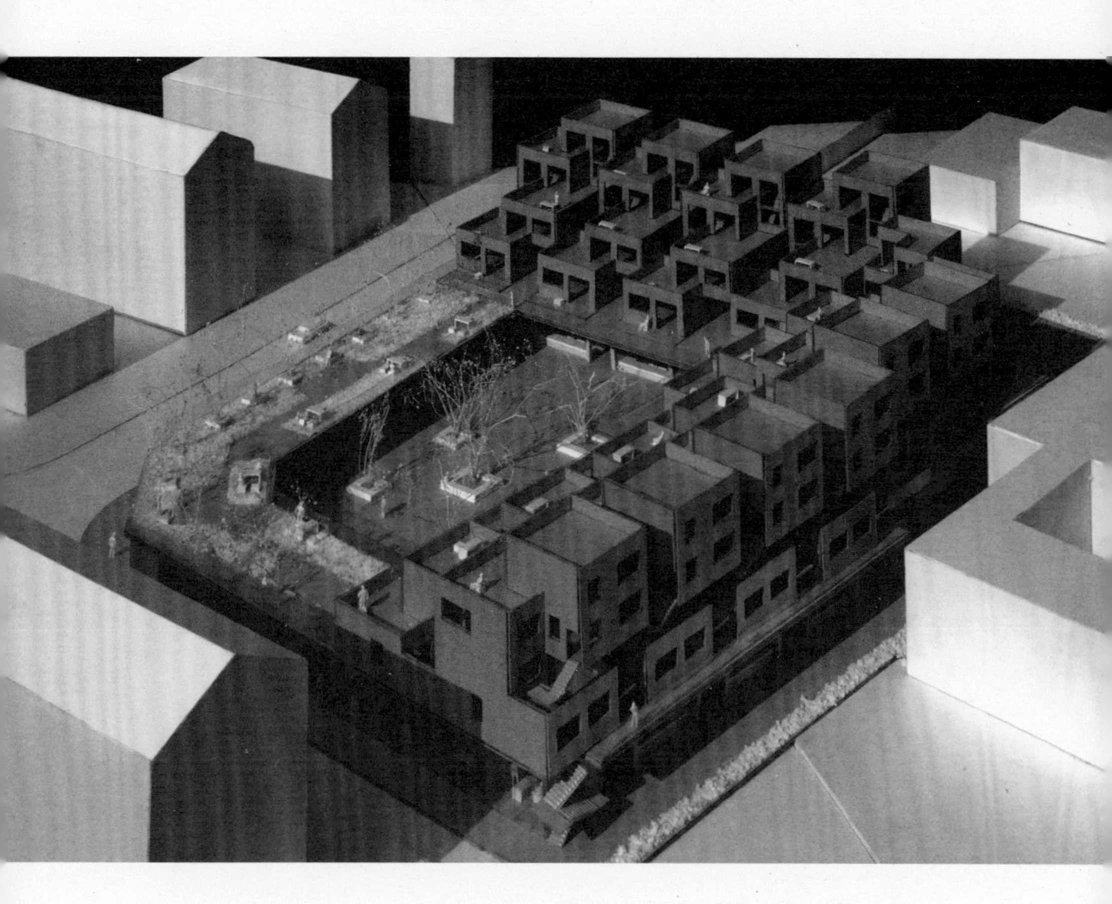

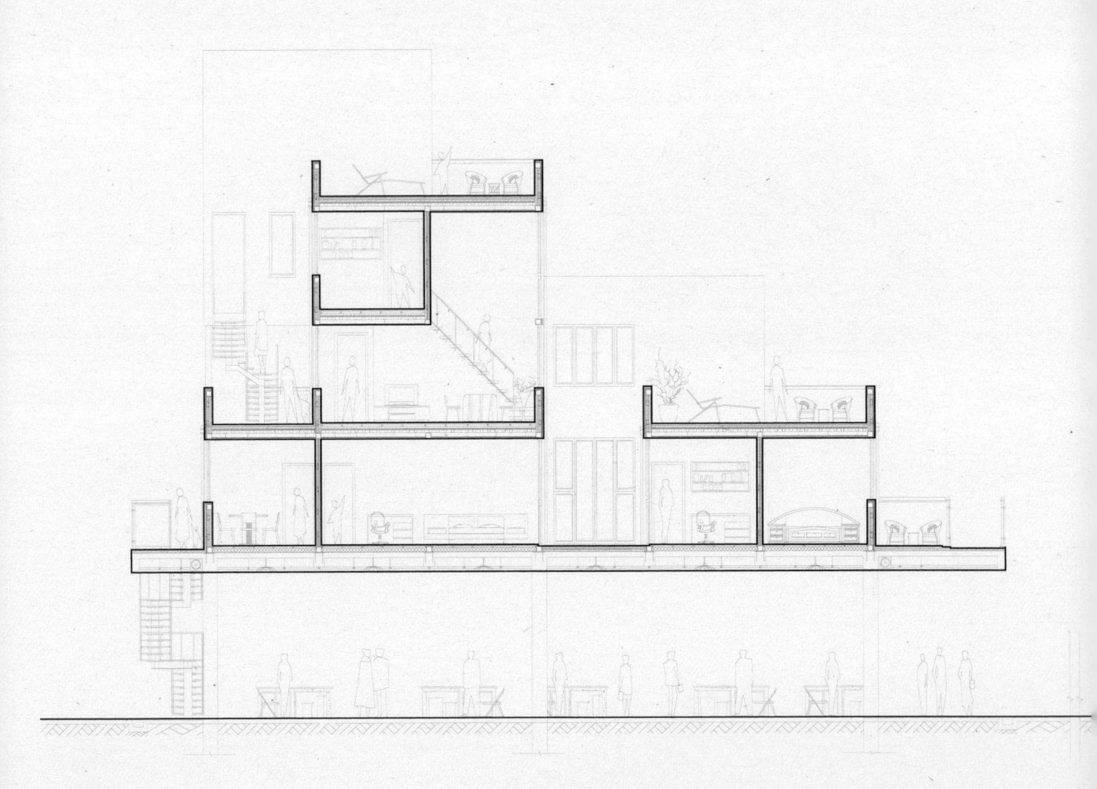

墙身图 1：200

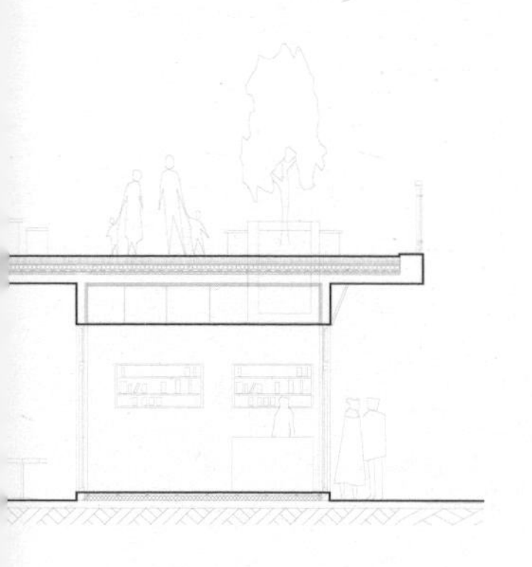

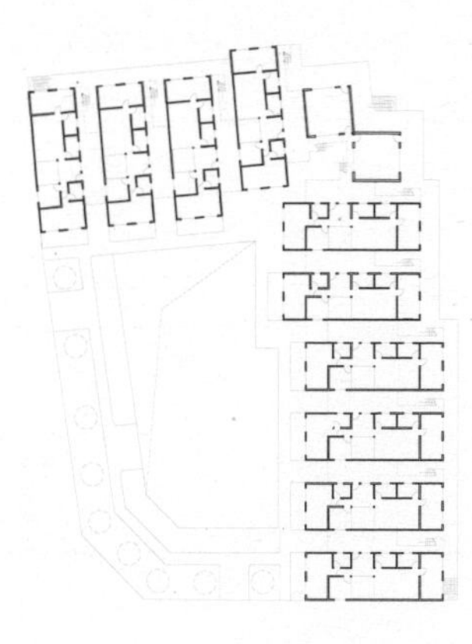

二层平面图 1：1500

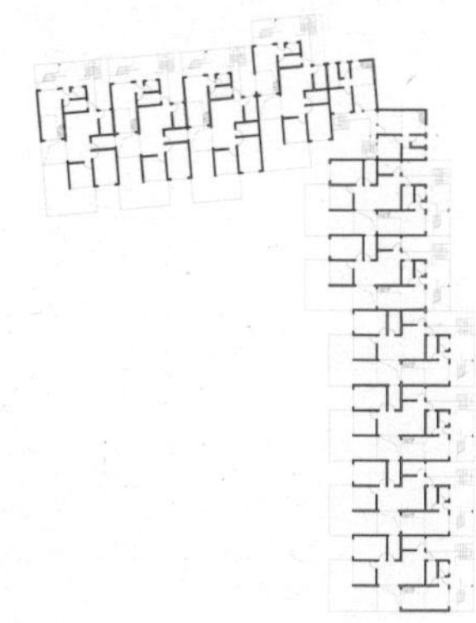

三层平面图 1：1500

张永和

这个设计做了那么多大平台，这些平台的私密性都比较有问题，会有视线的干扰。这种退台形式的建筑一般出现在山地，因为这样在争取到平台的同时，也不会出现建筑底下巨大的很难利用的负空间。对于这种城市中的住宅来说，日照及是否有院落不应该是唯一的设计主导因素，要综合考虑景观、舒适性等诸多问题。

陈屹峰

这个设计的平台的侧面都可以做一些围护，不用很高，既可以保护私密性，也不会对采光造成影响。设计从整体来看形式还是挺好的，通过加长下面住宅的进深，克服了中期评图时提出的阶梯状住宅下面的空间如何利用的问题。

张斌

这个设计原来的体量是错位叠置的，所以才要用轻钢结构。现在上下都对位了，用混凝土框架结构也可以实现。

拉斐尔·古里迪·加西亚

这个设计在过程中有很多发展，在最后阶段也提高了很多。不过这种退台的形式总是会存在一些问题，就是背面有大量房间住起来会不舒服。下面几层住宅进深过深必然会带来这个问题。但在方案中又没有其他办法来解决。

刘可南

这个设计二层平台主要是为住宅服务的半公共空间，而不是像有的方案那样是面向城市开放的。这样做对保护住户私密性很有好处。

框架中的家
Framed house

学生

张灏宸

导师

水雁飞

总平面图 1：3000

项目试图通过讨论城市肌理来确定一个开始的框架。旧有空间的行列式格局将如何延续并被打破？基地的朝向让我可以在保证采光的同时，建立起一个 E 字形布局的半围合体，其中公共的连接体为住宅带来了新的可能。

朝向是否成为决定城市肌理的唯一原则？旋转的平面带来了新的可能性，北侧的房间有机会面向西

南方向采光，扭转了传统布局中南北房间质量差异大的格局。与此同时缩减了平面厚度，让住宅看起来更轻薄。旋转的风车形平面，住宅中心将有机会观察到太阳升降的轨迹。

菜场运用连续的边界回应城市街道，用转折的边界形成住宅内院大大小小的活动场地。住宅的格局形成了一个旋转的自我拼合的网格。网格中利用住宅和菜场的边界形成孔洞，用来构成菜场的内院。传统住宅底层在人流活动大的地方会破墙开店，而菜场的功能为住宅提供了这样的可能性，因此将二者并置。住宅底层破墙开店成为店铺，而住宅之间的空间则自然成为摊位的摆放地。菜场的结构与住宅脱离，形成了自我的轻盈的结构体系。

一层平面图 1：1000

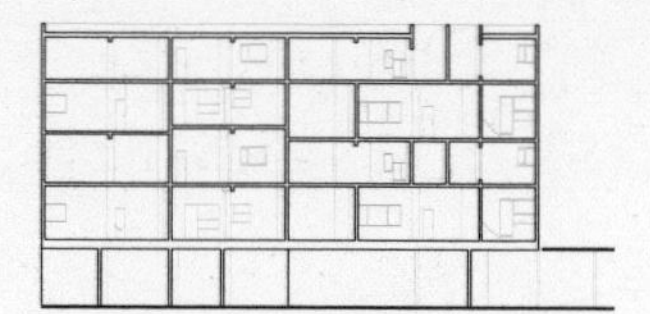

1-1 剖面图 1：1000

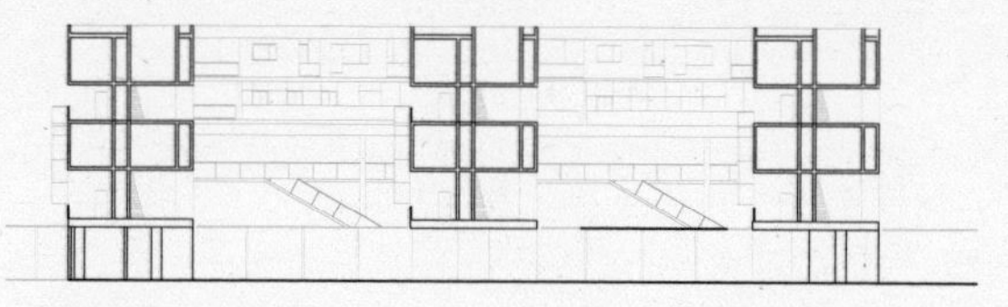

2-2 剖面图 1：1000

二层平面图 1：1500

三层平面图 1：1500

张永和

从城市角度来看，这个设计的态度是很鲜明的。首先，板楼的形式是对这个地区城市固有肌理的接受和发展；其次是这么一大组建筑能做成一个E字形，这是很明确的。

如果没有底下的菜场，就挺完美。但目前菜场的做法与住宅之间关系不强，让菜场显得不太积极。感觉就是把院子垫了起来，争取了一点地方做了个菜场。还有，建筑平面中房间轴线与立面偏转15°的做法看上去不错，但如果这么做仅仅是为了增加住宅的容量，立意不够；把住宅进深做大一点也能增加容量。转了之后是不是还有什么潜力呢？这一点在设计当中没有被发挥出来。所以现在有了这个动作达到的结果，跟一个厚一点的不转的住宅在感觉上是一样的，这就不够好。

陈屹峰

从上面看下去，建筑整体上给我一种不近人情的感觉。菜场屋顶平台让不让人上去，这是建筑师的权利；虽然我觉得能让人上去的话会更好些，不让上也就不让上。但不让人上的屋顶换来了什么好处，这是需要权衡的。另外，板楼与板楼之间的连接体做得不够。比如这个连接体里是否一定要放住宅？在连接体基本的顶和底之间，是否能做点疯狂些的东西？这样的话，也许能平衡严格的几何网格操作带来的住宅楼的呆板之感。随便举个例子，哪怕在连接体中放一个球体的设计，就可以作为亮点来平衡建筑的呆板，使用建筑的人的注意力就会放在这个好玩的东西上，屋顶平台上不上人也就无所谓了。

刘可南

这个设计花了好多时间在考虑住宅平面转 15° 上面，没有再去探究如何积极营造一层或者一层屋顶。而后面这件事情其实更有意义，它和公共空间中人的行为，以及建筑与城市的关系有关。在这些方面，建筑应该是一个更加积极的姿态。

拉斐尔 · 古里迪 · 加西亚

我觉得这个设计中 15° 转角的处理很有趣。实际中也不乏类似的案例，这些案例中斜切角度往往是为了采光的朝向。处理得好还能够出现一些三角形的采光天井，获得很多意想不到的空间效果。

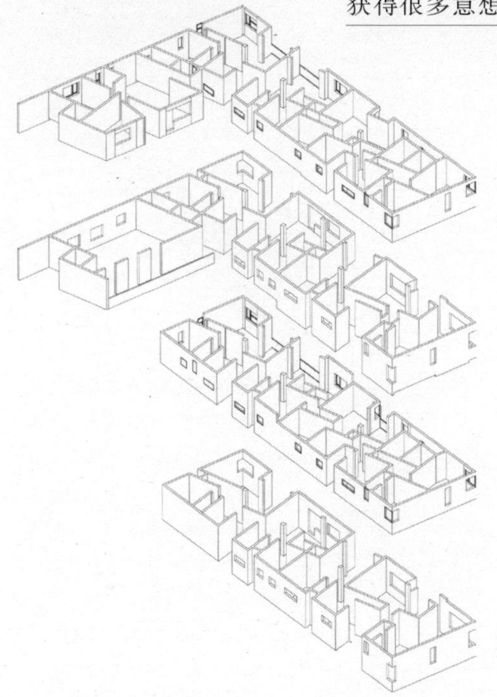

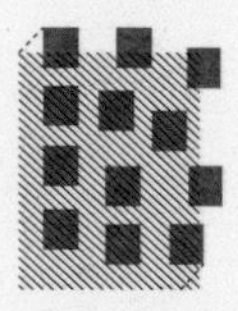

住在小小菜场中
Living in a small market

学生

严珂

导师

水雁飞

总平面图 1:3000

基地位于上海市杨浦区鞍山路和抚顺路的交汇口。从城市肌理角度分析，这片区域原来都是工人住宅，与租界区相比，这里的建筑单体尺度和密度都比较大，所以更需要一个提供多元化生活的场所，类似田子坊的街区形态。另一方面，我从菜场这个题目中找到了能提供复合功能的“微城市”的可能性——

菜场巨大的人流为其他功能，如休闲、教育、服务等的运作提供了有力支持，故可将多种功能关联起来，丰富的功能引导丰富的活动，最后得到一个按小尺度划分的、具有“微城市”意象的设计。

本设计一开始探讨了小尺度空间是否适应这一场地，通过尝试发现这一做法可行，且能加强与城市的关系。最终的成果是，通过三个主要的广场景观系统将各个小体量串联，底层除了菜场功能，还插入小商业带和市民活动娱乐空间，试图将城市公共活动渗透到基地活动中。针对菜场尺度的控制和与广场的相对位置，布置周边业态以及住宅类型。总体空间关系是从街角到基地内部层层递进，同时也是从公共性到私密性的过渡。

对于住宅的组织，按照住宅周围环境和使用人群的不同，做了简单的类型学研究。在户型中设置不同属性的露台或灰空间平台，为住宅与广场的交流提供场所，也促进了相邻住户之间有声与无声的交流，加强了住宅与一层菜场空间的联系，从而形成了一个“微城市”。

一层平面图 1：1000

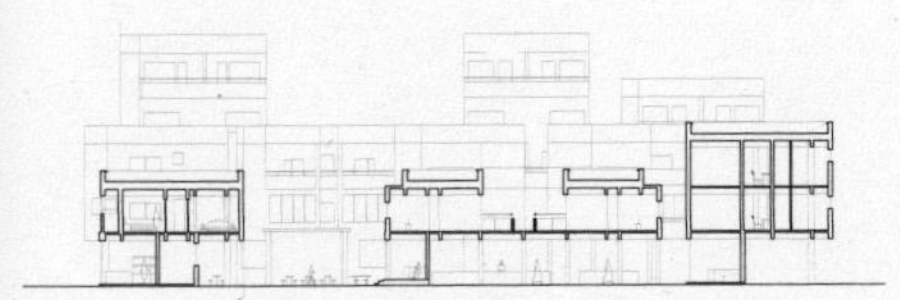

1-1 剖面图 1：1000

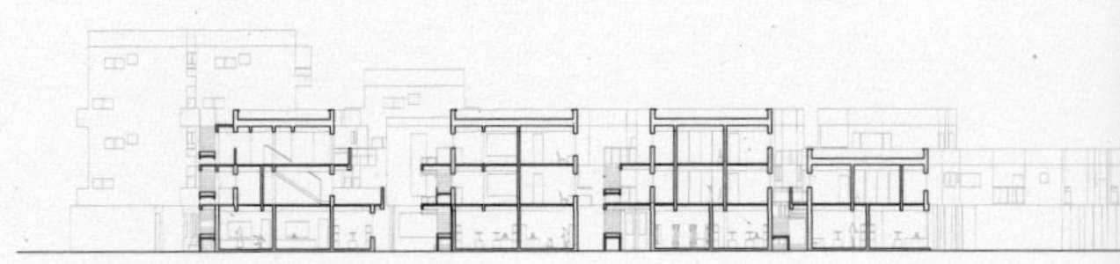

2-2 剖面图 1：1000

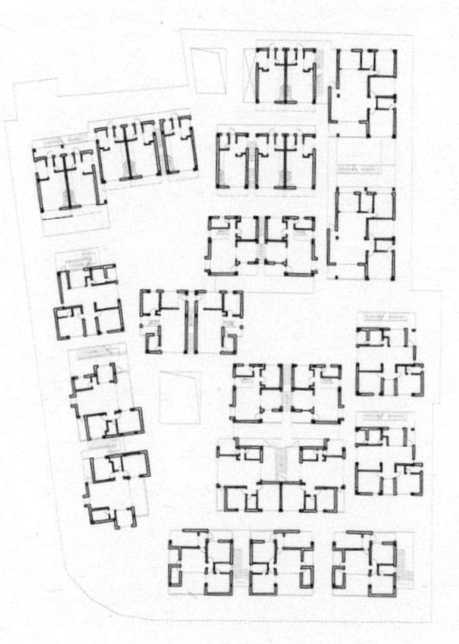

二层平面图 1：1500

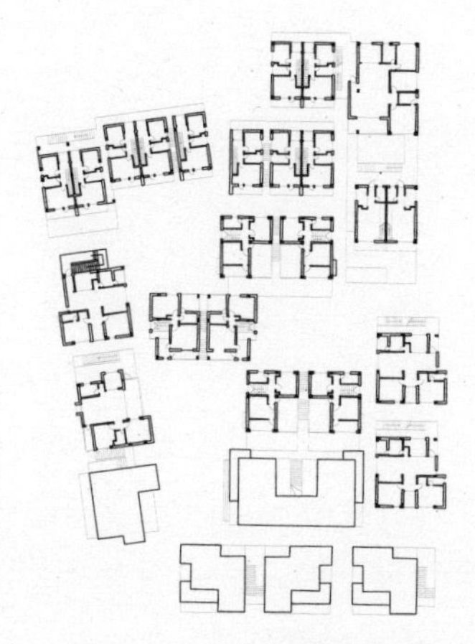

三层平面图 1：1500

陈屹峰

这个课题叫“小菜场上的家”，从这个题目可以看出菜场和家是要适当分离的。这个设计给了我一种“小菜场中的家”的感觉。设计能打破集约型菜场的感觉，挺好，但这么做导致了很多住宅像是泡在菜场里一样。居住是一个相对私密的功能，而菜场比较嘈杂，这两者之间有一层空间上的过渡会更好。比如中间的这个组团有自己的领域性，较其他几个感觉更佳。组团再强一些的话，底下的菜场也能有比较集中的安排摊位的地方；现在看摊位部分很零碎。设计参考的田子坊的空间原来不是今天这样的，就像“新天地”原来也不是今天这样的，这说明目前我们所看到的空间及功能并不是建筑形成时设计者的本意。也不能说这样的空间就一定优于集中式的菜场。

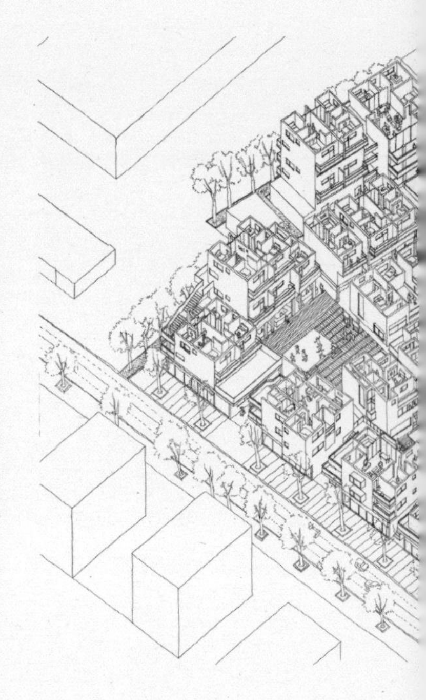

张永和

这个设计把建筑做小的出发点我很认同。一旦整个项目被打散成这么小的元素，菜场是不是必须在底层也就没那么重要了。有的地方住宅就可以落地，另外那边底层及楼上都可以有菜场。虽然设计中以田子坊为参考对象，但实际上这两者的情况还是不太一样的。田子坊是联排住宅，又有一些村落式的布局，建筑中常常是顶上和底层都是同一家人。这样的居住—工作关系就特别有生命力。在这个设计中，底层与上层是分开的，即使空间形式有些类似，实际感觉还是不同。另外，我一直在想把住宅打散的主要动机应该是什么。可能是因为有几户人不愿意和几十户人住在一起，他

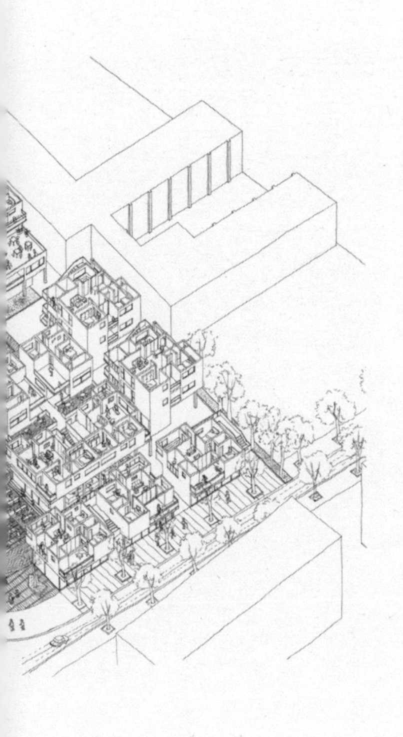

们想建立个人的可识别性。这样的话，他们房子的立面可能就与别人的不一样。这两户是抹灰的，那两户是砖头的。这个设计处理成这样，不能仅仅是对板楼的反动，它应该去挖掘这种类型住宅的潜力。看来这次课题中还是有很多同学往这个方向走，这么走有很多问题需要回答。

刘可南

这个课题中，有的同学做了一个很完整的空间，结果出现了很多屋顶，不知道怎么用。这个设计恰好相反。但是在使用上这么处理还是有些问题，比如由于菜场不连续，下雨的时候买菜就不太方便。

另外，这个设计中很多房子都是中轴对称的，底层的空间布局则比较曲折。其实底层有些空间也可以进行一些对位，让视线及流线更加顺畅。

目前的布局还是蛮有意思的，有一种在小尺度、低效使用空间中玩的感觉，但总体上如果有一些比较直接的流线或视线贯通的话，能让建筑更有整体感。

拉斐尔 · 古里迪 · 加西亚

这个设计的尺度控制得很好，因此仅仅看模型是不太能看清楚的，需要真正进入建筑才能理解。

三个广场
Three squares

学生

伍雨禾

导师

水雁飞

总平面图 1:3000

在基地的西北角设置广场与小商业（以售卖咖啡、奶茶为主），放学时分面向学生与等候的家长，早晚时分可作为菜场运输集散地。在东南角设置广场与小商业（以餐饮、便民服务为主），面向基地内外居民。将两个广场相连形成通路，方便人们穿越基地。在通路中心设置下沉广场，上方住宅亦围绕中间展开，形成立体公共空间。三个广场形成

一条线。

菜场与住宅完全脱离，以保证两者功能的完整性。以两端广场的标高为基准，以上为住宅，以下为菜场，广场端部竖向交通从同一点出发。一层菜场分两部分，前半部分下沉 2.1m，使得从街面上向里看菜场可一览无余，并可从中轴线一路望到菜场、大树与中心花园；后半部分不下沉，售卖活禽肉类。菜场前后实行干湿分离。花园后部为居民活动室，与东南广场相连成为居民活动聚集处，并呼应基地外居民活动中心。

住宅主要目标群体为回迁居民与学区房家庭。住宅围绕中心展开，并在下层广场垂直方向上层形成与之交叉的内向公共空间，与凡世相隔又拥有自己的内部活动区域。住宅均为二到四层的东西向住宅，采用南北错位采光，全部开大窗，以照顾老人与孩子。用左右差半层的方式节省交通空间。一二层主要面向回迁居民与老年人，餐厅置于东向日照最佳处，客厅置于西向日照最佳处；顶层主要作为学区房，南部住宅则面向朝九晚五的年轻人。

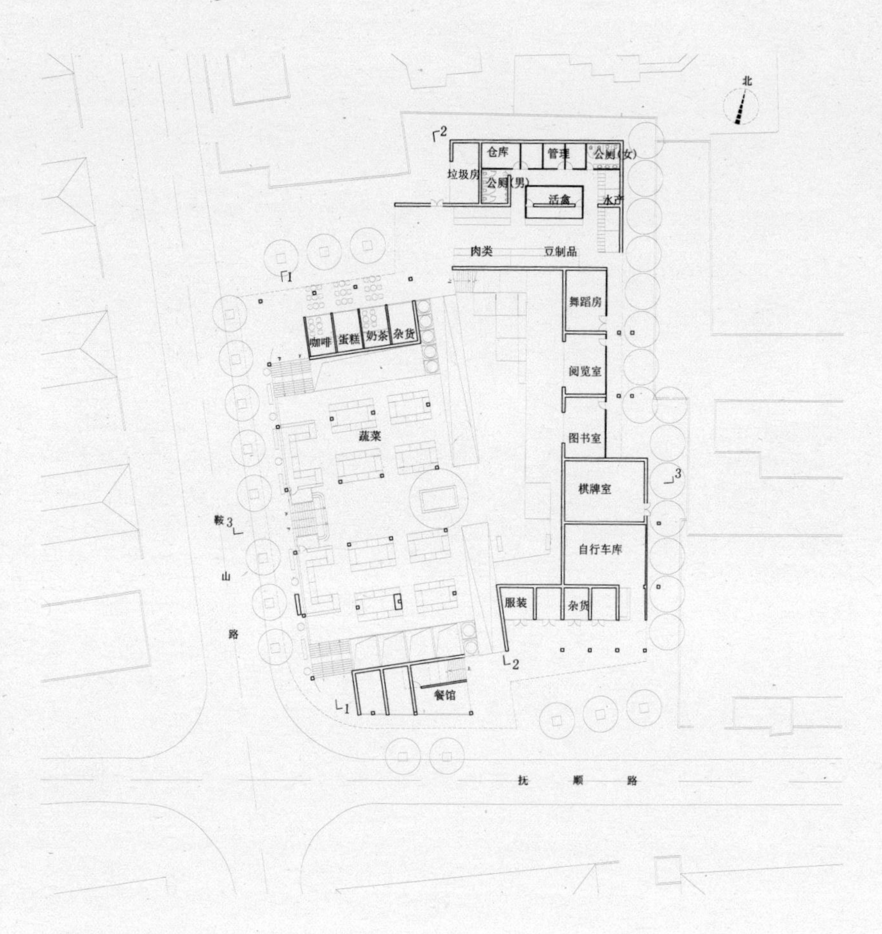
北
仓库
管理
公厕(女)
垃圾房
公厕(男)
活禽
水产
肉类
豆制品
舞蹈房
咖啡
蛋糕
奶茶
杂货
阅览室
蔬菜
图书室
棋牌室
鞍
山
路
自行车库
服装
杂货
餐馆
抚
顺
路

一层平面图 1：1000

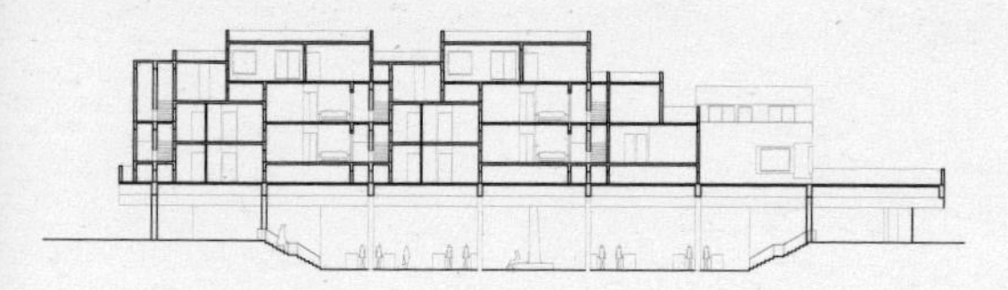

1-1 剖面图 1：1000

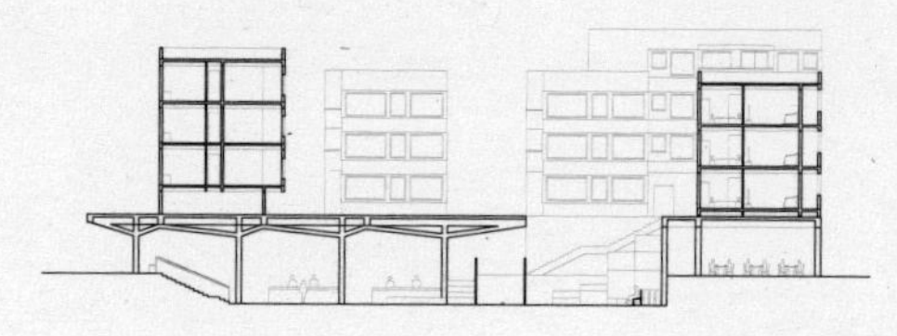

2-2 剖面图 1：1000

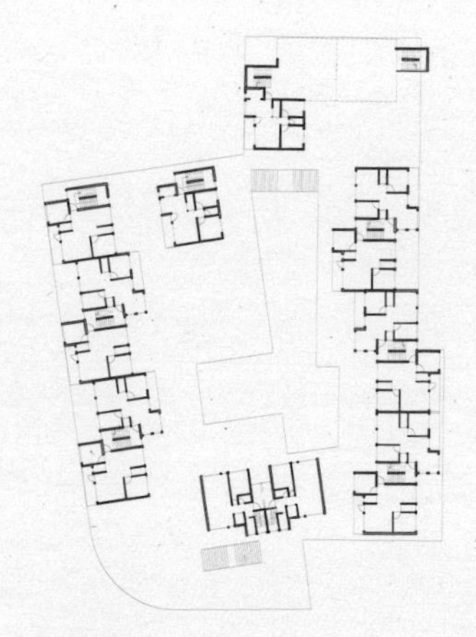

二层平面图 1：1500

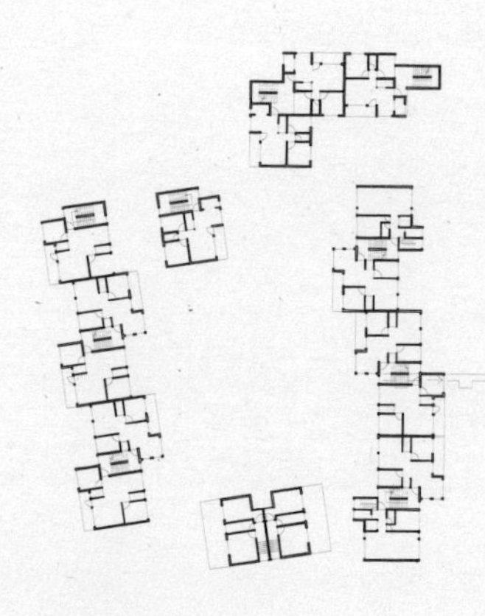

三层平面图 1：1500

刘可南

这个设计把菜场压下去，还有可以穿越的路径，在城市尺度做了挺多动作。模型上在窗边加的木头框的立面形式，使人感觉不到一家一户小住户的感觉，看上去是一些大住宅。有些卧室的采光有点问题。

陈屹峰

把整个菜场都沉下去是一个不太寻常的举动，它会带来很多问题。比如菜场中有很多湿滑的东西，把菜场下沉下去就不容易清理，菜场的物流、垃圾等都不好处理。设计中必须把这样做的意义挖掘出来，比如可以在街道上形成小尺度的建筑等等，然后设计才能成立。如果仅仅以设计者喜好作为理由，那是站不住脚的。这个设计在大平台上直接放建筑，感觉空间没有层次。需要点小尺度的层次。平台上住宅的私密性也无法保证。

张永和

这个设计的菜场部分，地上的高度是 4.2 m。要我来做可能把这个高度往下压到 3 m。店面的尺度对于城市街道来说是很重要的。小菜场就是过日子的地方，地面上 3 m 高的体量应该就可以了。我们这里大多数人都不买菜的，也不知道空间比较高大的菜场是不是更令人振奋，大家购买的欲望会不会更强烈一点，但我可以想象出来沿街很多尺度很小的小店，透过小店与小店之间的空当可以看到后面空间高大的菜场。这个

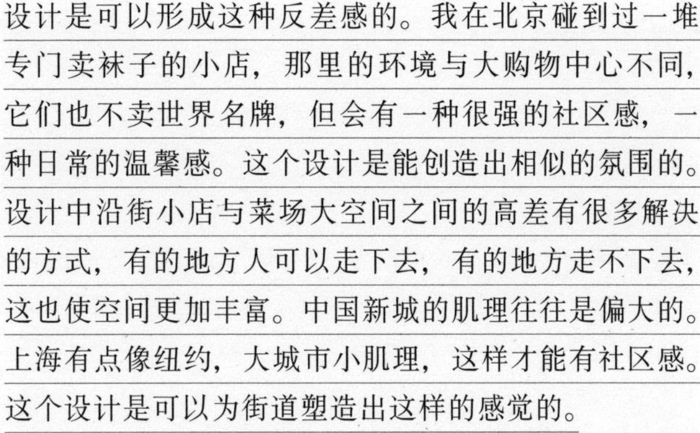

设计是可以形成这种反差感的。我在北京碰到过一堆专门卖袜子的小店，那里的环境与大购物中心不同，它们也不卖世界名牌，但会有一种很强的社区感，一种日常的温馨感。这个设计是能创造出相似的氛围的。设计中沿街小店与菜场大空间之间的高差有很多解决的方式，有的地方人可以走下去，有的地方走不下去，这也使空间更加丰富。中国新城的肌理往往是偏大的。上海有点像纽约，大城市小肌理，这样才能有社区感。这个设计是可以为街道塑造出这样的感觉的。

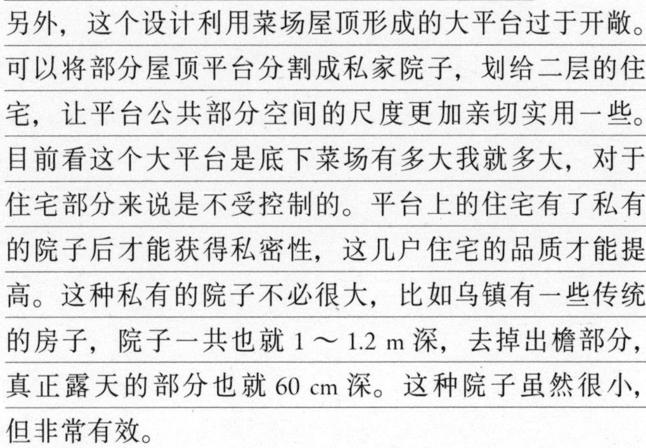

另外，这个设计利用菜场屋顶形成的大平台过于开敞。可以将部分屋顶平台分割成私家院子，划给二层的住宅，让平台公共部分空间的尺度更加亲切实用一些。目前看这个大平台是底下菜场有多大我就多大，对于住宅部分来说是不受控制的。平台上的住宅有了私有的院子后才能获得私密性，这几户住宅的品质才能提高。这种私有的院子不必很大，比如乌镇有一些传统的房子，院子一共也就 1 ～ 1.2 m 深，去掉出檐部分，真正露天的部分也就 60 cm 深。这种院子虽然很小，但非常有效。

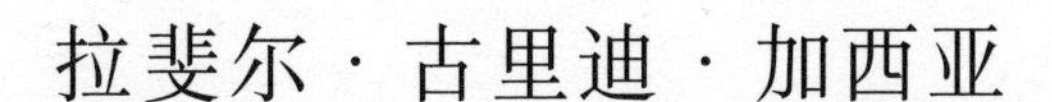

拉斐尔·古里迪·加西亚

相比于一个传统菜场，这个设计中做出来的菜场更像一个现代超市。这样做也有好处，拉近了住宅与城市街道之间的距离，使街道的尺度更加适宜。我也认同在沿街面放一些店铺对于城市来说是积极的，那样会使城市空间更有趣。

叠盒子
Stacked boxes

学生

王雨林

导师

水雁飞

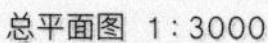

总平面图 1：3000

设计的出发点及核心是实现弥散的意象。通过在九宫格中插入交通体，并使之错动，让住宅的采光更合理，最后堆叠成类似有机体的形态。然后用自上而下的方式思考住宅单元怎么回应周围的环境。

九宫格的排布方式在结构上比较容易想到的是框架结构，但我尝

试用墙板去实现一个没有柱和梁的空间，墙板在楼上分隔户内空间，而没有墙板的位置可以设置大的玻璃面。墙板落到菜场内则为菜贩的摊位提供了一个可以依靠的墙面。

整个空间形成一种在街坊中买菜的感觉：阳光在建筑间入射、反射、折射后穿过天井进入流动的一层的弥散感，人穿行在流线型布置的墙体和不规则边界形成的菜摊间的弥散感，流线尽端的公共空间与植被组织的弥散感……风与空气与阳光与树叶以及裹挟其中的人和菜场的喧闹一同组成的过渡与渐变，菜场人员和住户间的交织与分离。

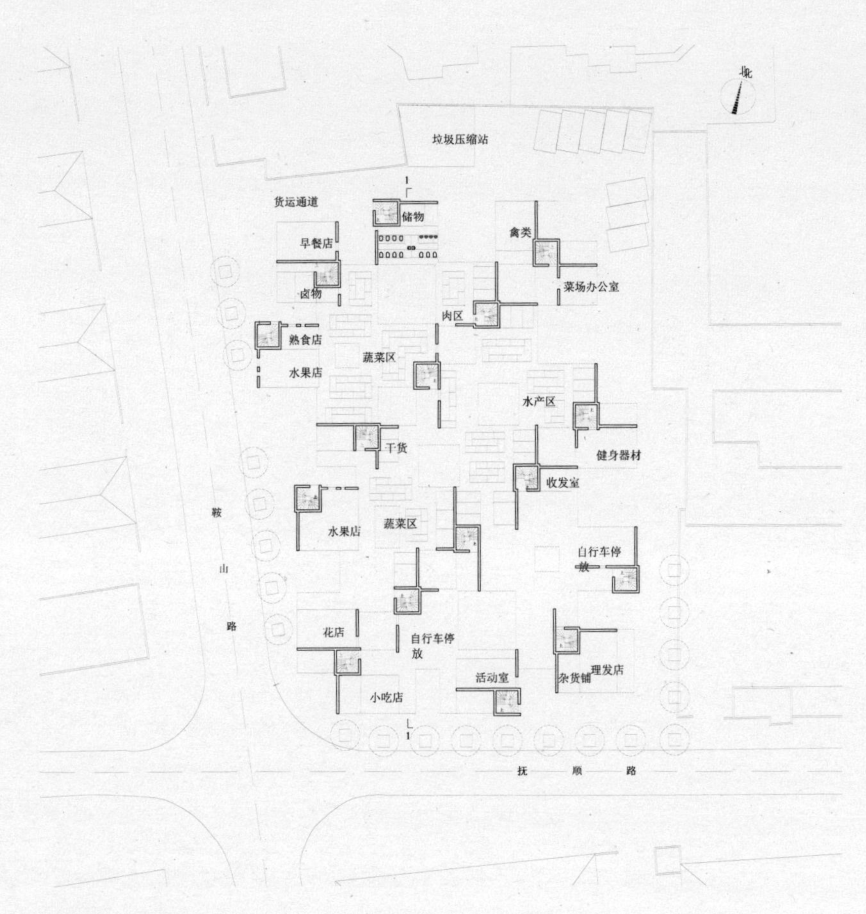
北
垃圾压缩站
货运通道
储物
禽类
早餐店
卤物
菜场办公室
肉区
熟食店
蔬菜区
水果店
水产区
干货
健身器材
收发室
鞍
山
路
水果店
蔬菜区
自行车停放
花店
自行车停放
活动室
杂货铺
理发店
小吃店
抚
顺
路

一层平面图 1：1000

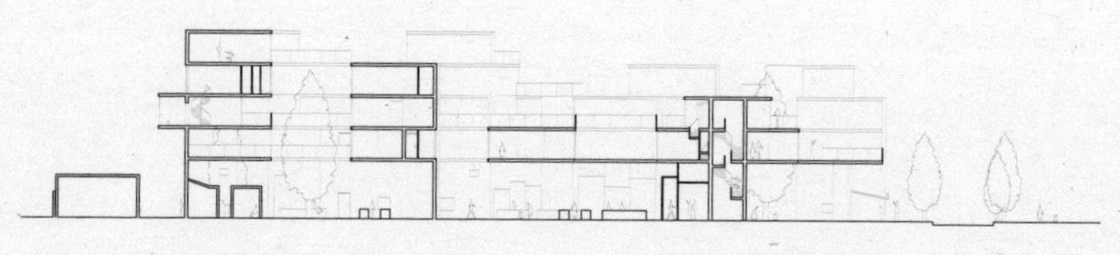

剖面图 1：1000

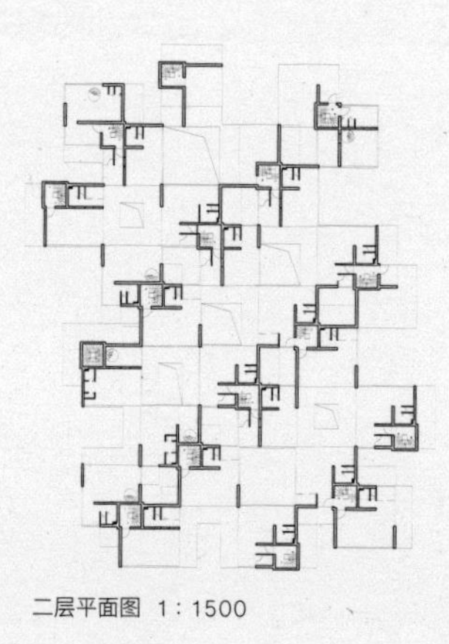

二层平面图 1：1500

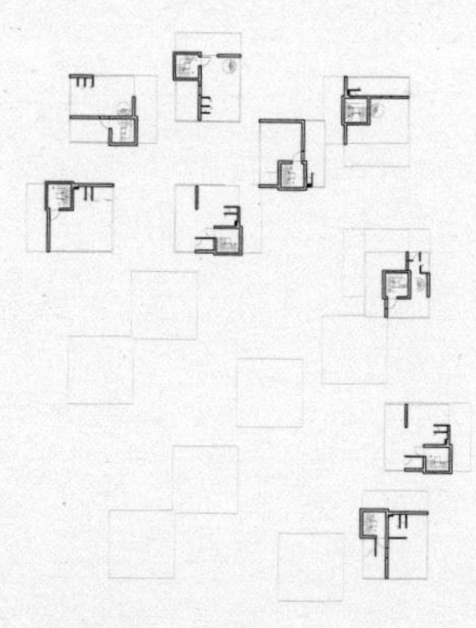

四层平面图 1：1500

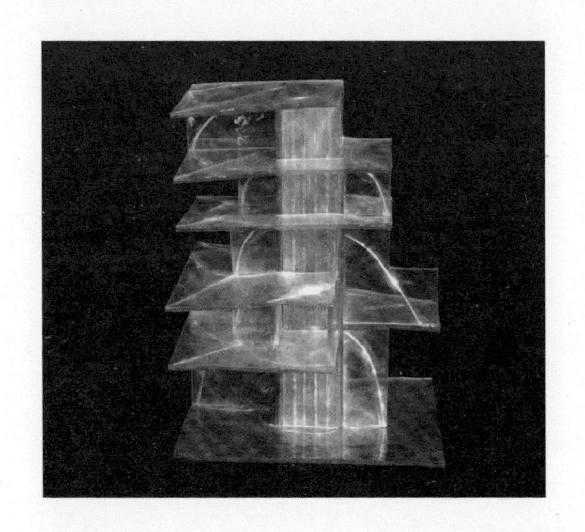

张永和

这个设计想创造一种比较乱的菜场空间。我想象设计应该是有点像伊利诺伊大学芝加哥校园那样的，路径交错，给人有点乱的感觉。乱不应该是消极的。从底层平面可以看出来，这个设计其实并不是很乱，斜向几条清楚的通路让底层空间很整齐。

设计用了“弥散”这个关键词，但这个词的指向不是很清楚。应该要做到让别人一看设计就感觉到这是一个弥散的菜场。比如可以在底层的中心做一间大的店，越往边上店越小。在上海肯定会有那种只有 2 m^2 的很小的店。让店面从大到小的过渡表达一种弥散的感觉。

从体量关系来看，这个设计采用了叠盒子的组织方式；从平面来看，采用的是九宫格式的组织方式。这些方式可能不是表达弥散概念的最好方式。选用多个组织方式也让这个系统更加复杂，并导致很多概念在设计中纠缠，最后花了很多时间还是很难梳理。

陈屹峰

这个设计的概念“弥散”应该算是结果还是目的，目前看不是很明白。弥散的价值在设计中是可以进一步被挖掘出来的。目前这个设计给人的感觉从住宅设计出发，先定了上部的内容，然后才形成了下面的菜场。这样的话，弥散是一个后加的描述。

刘可南

设计中弥散的主题也许是可以与城市产生关系的，让城市空间与建筑内部的公共空间之间产生更多的过渡。增加菜场里店铺和公共人流的接触面，这样也会使菜场更加具有生气。

拉斐尔·古里迪·加西亚

设计的完成度不够。这个方案想做一些散布在场地上的盒子，但这样的布局会产生问题，比如设计楼梯会比较困难。目前的设计中，通往住户的楼梯尺度似乎都不太够；但要是把尺度做够的话，楼梯又很可能影响住户的采光及私密性。解决这些问题都需要时间。设计者在这些问题上似乎没有太在意。

院子
Yard

学生

汪桐

导师

水雁飞

总平面图 1：3000

方案采用合院的空间形式，住户开门均朝向内部的院子，类似于军区大院，不同的地方是它下面有一个菜场，在垂直维度上让菜场和住宅合在一起，这样可以激发活力。每户门口有一圈围绕着院子的走廊，二层的走廊做成一个平台，成为居民日常活动发生的地方。南侧的住宅有两层的架空，南侧住宅的北侧平台为居民的日常活动和服务于住

户的小区商业行为提供了可能。

一层以上全部为住区；一层整个为菜场，西侧下面临城市街道的地方是间隔的商铺，北侧和东侧为菜场，南侧的架高空间下创造出一个集市型的广场，考虑到基地所处鞍山路的周边情况，希望这里成为一个零散菜户集中的地方，而在菜场营业时间之外，这里将成为其他商业行为、居民活动的发生地。设计希望创造一个具有古典意味的菜场住宅综合体，为日常性的行为增加一丝气质。

设计使用最方正的市场户型，每一户的宽度都是 8.1m，大户型是 12m，进深都是 8m。在大平台处设立了一户商铺。所有的居民都有私属的空地，但又有中间这个院子的联系。东西朝向的住宅通过顶部的变化来缓解采光的问题。考虑到住宅与住宅前走道的私密性关系，户型设计上将厨房、客厅等私密性不太强的功能放在走廊的一侧，南侧的住宅与平台之间设计了一条走道，以保证住宅的私密性。东西侧住宅设计了采光井，以解决采光不足的问题。

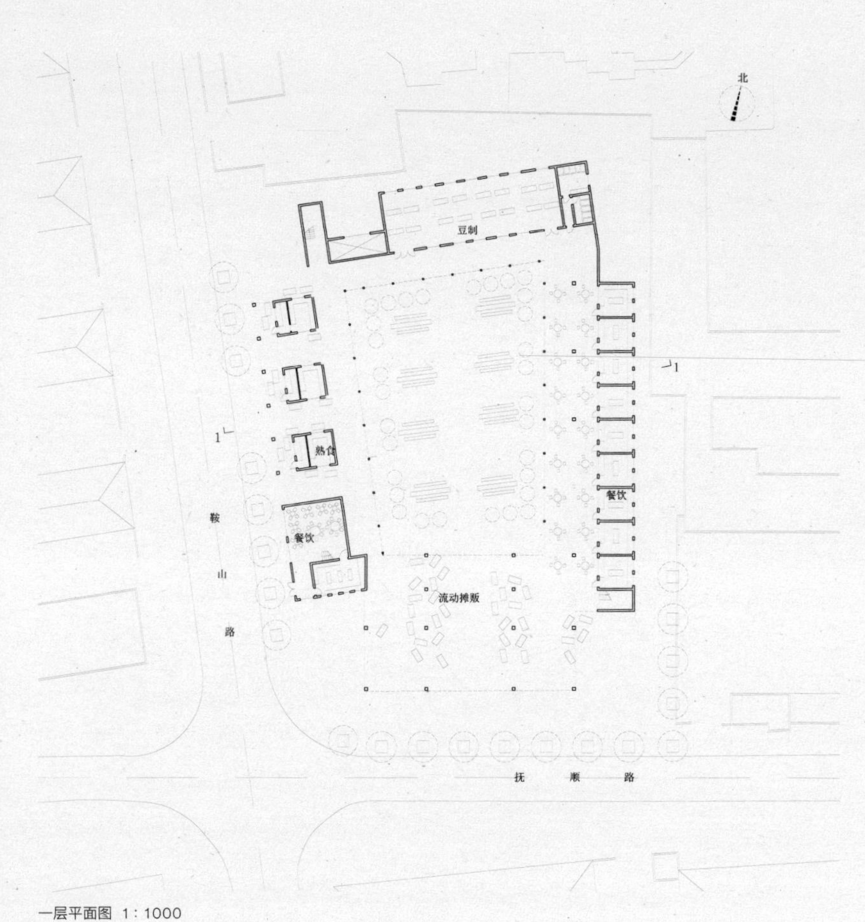

一层平面图 1：1000

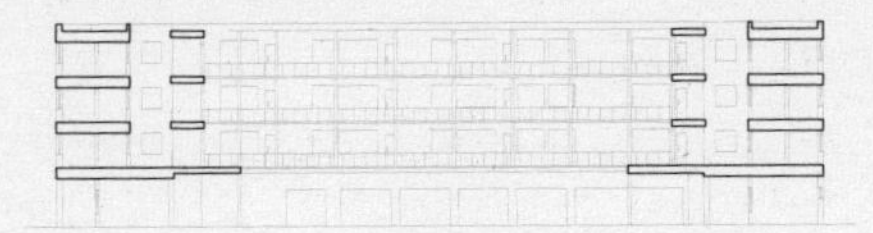

剖面图 1：1000

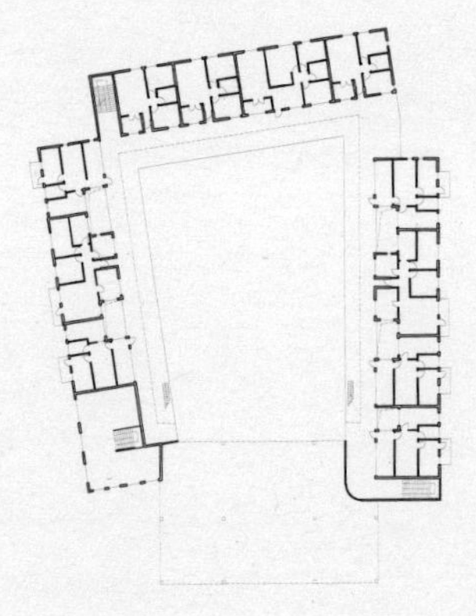

二层平面图 1：1500

三层平面图 1：1500

张永和

这位同学给自己出了一个难题，就是围院式的住宅肯定会有部分公共性的交通空间要放在住宅的南边，这样人就会在这些住户的主要朝向前走来走去，影响住户的私密性。这个设计在这方面是有所考虑的，通过把厨房放到南面来予以解决。但我觉得这么做只解决了住宅的问题，走廊的公共性问题还没处理好。厨房加餐厅这个东西一天就三顿饭左右的时间在那里，是住宅中最不公共的地方。对于走廊来说不是很积极。举山本理显的一个设计为例，他设计过一个住宅群，相当于我们这里的联排住宅。他的一层只有两个空间，一半是个玻璃盒子，另一半是不透明的房子。透明盒子部分是公共使用的功能，运动、健身等等。这样每家每户都会有部分没有私密性的空间和邻居分享。这样公共性部分的空间也就比较成立了。这位同学设计的这一圈公共空间与住户的内部功能之间的矛盾还是比较大的。美国在这方面的文化和我们不太一样。那里有些人家是很重视自己家内部私密性的，而有的个别家庭则不是特别强调私密性，家与城市空间有直接的联系。像汽车旅馆之类的就是直接对着外面。但我观察下来，即使是这种地方，窗帘也是拉着的，窗子也永远是关着的。

陈屹峰

这个方案中期的时候就很直接。这种居住空间的私密性要求与外面空间的开敞、公共性要求确实很矛盾。这么布局是个学校还行，做住宅的话矛盾实在太大。不是很确信这种直截了当的做法能不能适应建筑的功能。

刘可南

荷兰有个例子，是把走廊再往外拉一点，在走廊与住宅之间留出一段空，用桥把走廊与住宅连起来。这样在一定程度上可以解决私密性的问题。或者也可以把走廊的层高做得比住宅的层高低，前后错开，使视线上保证私密性。这样做不仅解决了问题，而且形成了特殊的空间效果，设计的概念也可以完整一些。

张斌

把走廊脱开点，再结合把厨房、餐厅靠在公共空间边的做法，应该能使设计更精彩。现在看这两条廊子设计得有点死。

回家的路
Way back home

学生

刘庆

导师

水雁飞

总平面图 1∶3000

对现有的菜场与住宅的共存关系进行调研探讨，以此为基础，提出一种新的在菜场上建住宅区的生存方式。现有的菜市场上有住宅，菜场屋顶上有绿化，绿化屋顶作为住宅的入户平台。这一点关系的处理值得学习，因而将之作为出发点展开设计。

根据过去菜场和街道的空间结构，向基地中引入一条内街，由内街进入住宅区，利用平台创造更多的层次，向几个方向上递进，产生了从公共性到私密性的过渡。

拓扑学上新的方式继承了过去的城市街道关系。在这个关系之上进行整理，街道在住区和菜场间的过渡，增加了更多的公共与私密的层次。并且将层次延续到住宅层面，层层递进的同时安排绿化景观，提供住区休憩、活动、交往的场所与可能，形成一个有机整体。

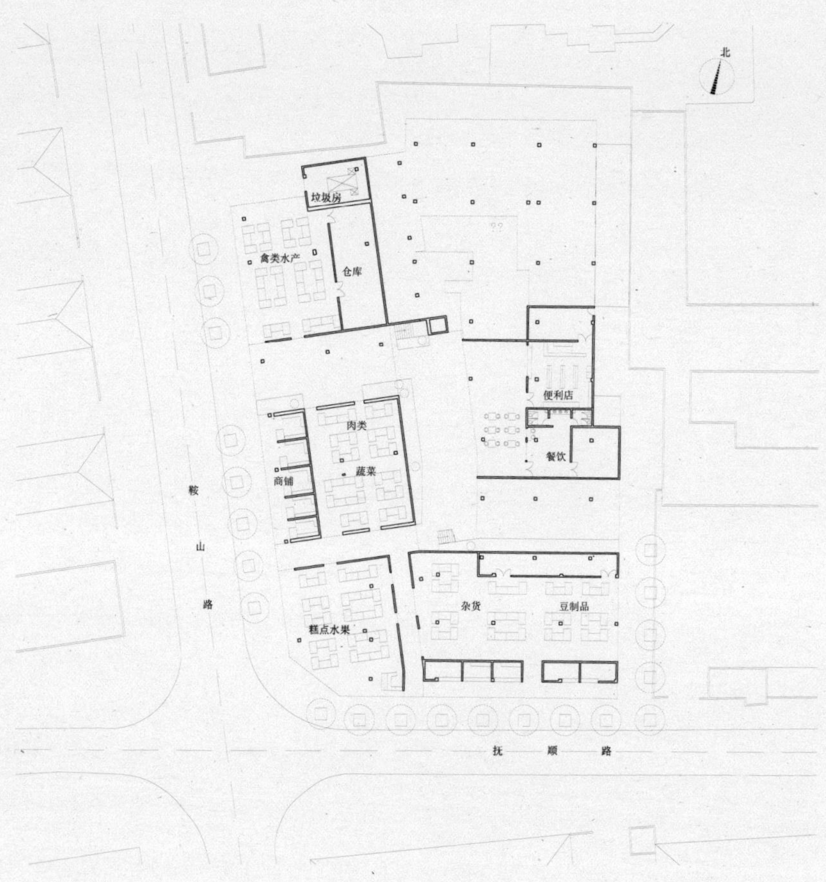

一层平面图 1：1000

二层平面图 1：1500

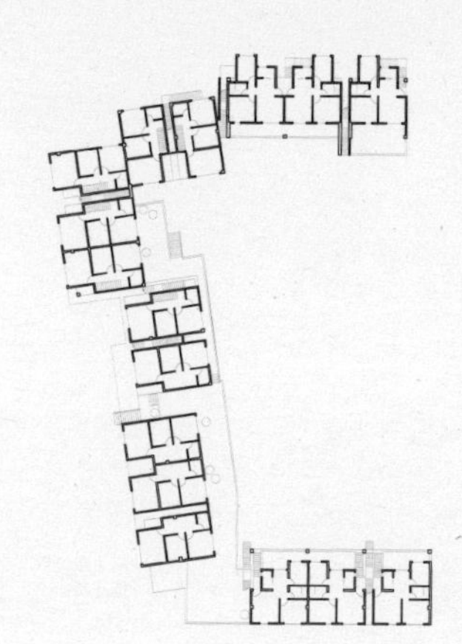
三层平面图 1：1500

张永和

这位同学最后做模型时觉得楼梯不好看，就干脆在模型里不做楼梯。她有一种完美主义倾向，这个挺好。但看最后的成果，又不是完美主义的，而是趣味主导。比如，初衷是不想做围合布局，最后做下来又有一些围合；真说是围合的吧，但又有些非围合。感觉是失控了。这个设计中很多工作都做得很好，但是设计中住宅户型可能根本就没来得及研究，都选用了最一般的户型。从这方面看，怎么一点完美主义要求都没有？因此我特好奇这位同学做建筑设计的时候兴趣点到底在哪儿，感觉她是趣味控制设计。她能因为模型中楼梯不好看就不做楼梯，说明她内部蕴藏了很积极的能量。就看能不能把这个能量导到别的地方去，比如用它去发展一个户型。要我也是一个完美主义者的话，方案做到这个地步，我就根本不会把这些户型画出来。因为按照对模型的完美标准来要求，那个户型太不符合标准了。但她最后还是把这些户型拿出来了。

觉得不好就不拿出来的态度挺好的。再极端一点，最后交不上就交不上，我晚一个礼拜做完美了再交。完美主义不是问题，但是做一个决定的时候一定要想清楚。这个设计说有问题吧，我也不认为有问题，可是要说这是一个很清楚、很有质量的设计吧，又不是。这位同学在说服自己把设计完成的过程中还是接纳了很多不完美，也就是她最不愿意去做的事情恰恰发生了。

陈屹峰

做设计和画素描一样，每个阶段停下来都是一个完整的东西。比如概念阶段你想做一个跌落的东西，没问题，这个阶段有概念也就可以了，不用去考虑这个跌落的具体形式。其他相关事情都可以在后面的阶段逐渐展开，慢慢地研究如何实现。也就是说在设计中，各方面的相关深化都是同步的，就像照片显影是逐渐清晰那样。设计中的任何阶段都应该是完整的，不可能某一点已经深化到了极致，而另外一个问题研究还没开始。这个设计都画到这种深度了，户型却还没怎么研究。花了很多时间在追求某种个人趣味，这并不是不好，但时间和设计步骤安排上是有问题的。

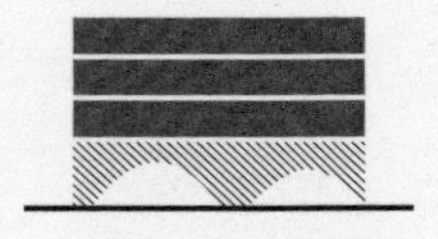

菜场的岛
Islands of markets

学生

胡佳林

导师

水雁飞

总平面图 1 : 3000

老社区的特点是功能完备，但缺乏公共空间。作为这片区域重要的公共建筑，方案的目的是基于城市路面标高，最大程度地开放城市空间。买菜和居住都是最日常化的行为，我希望为这些行为提供一个非日常的场景，以触发其他可能，给老街区带来活力。

首先采取的场地策略是，将基

地划分成四个片区，将城市道路引入基地内部，为菜场带来人流。其次，住宅垂直落于菜场上方，每一部分呈现发散状，使所有住宅都拥有良好的朝向，来应对上海苛刻的日照条件。

关于结构，菜场使用巨大的壳，只有几个脚点轻盈落地，获得视线上以及动线上与城市的关联。壳的形态由拱形“井”字梁来完成。每一片都比较薄，浇筑在一起获得结构强度。曲线经过几何控制，为其预制提供条件。其好处在于：对于菜场，获得一个巨大的无柱空间，摊位和流线的设置不受柱子约束；对于住宅，上部的轻质结构可以比较自由地排布。

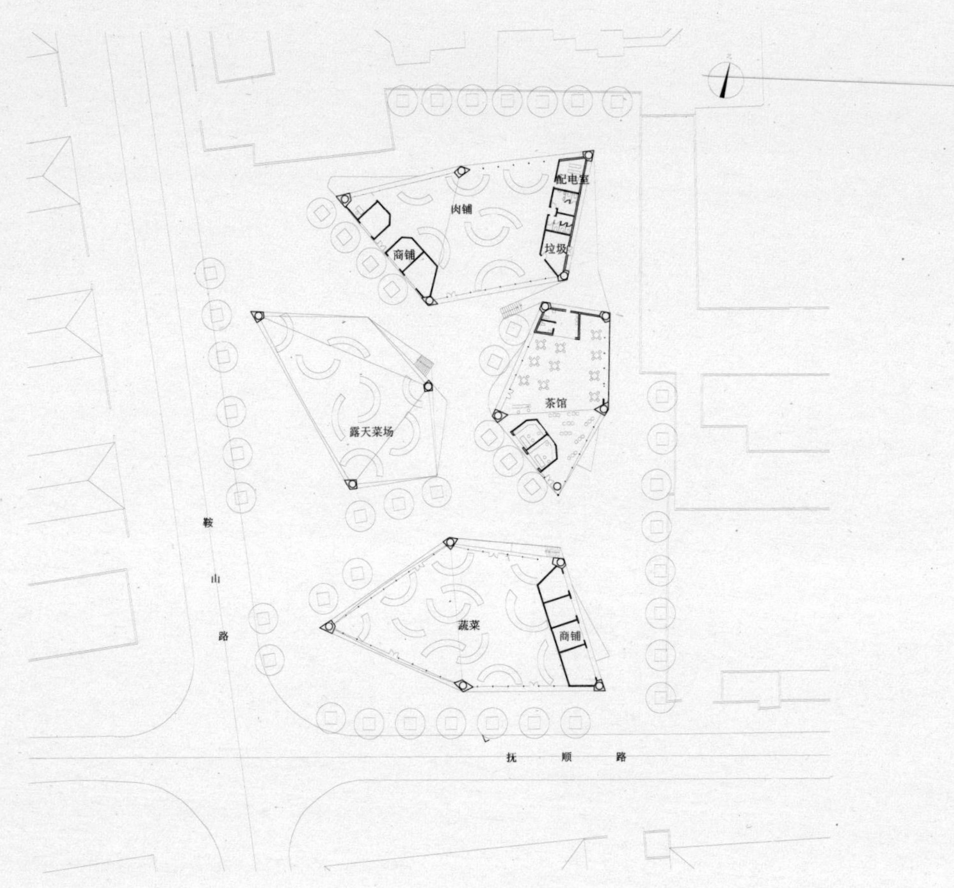

一层平面图 1：1000

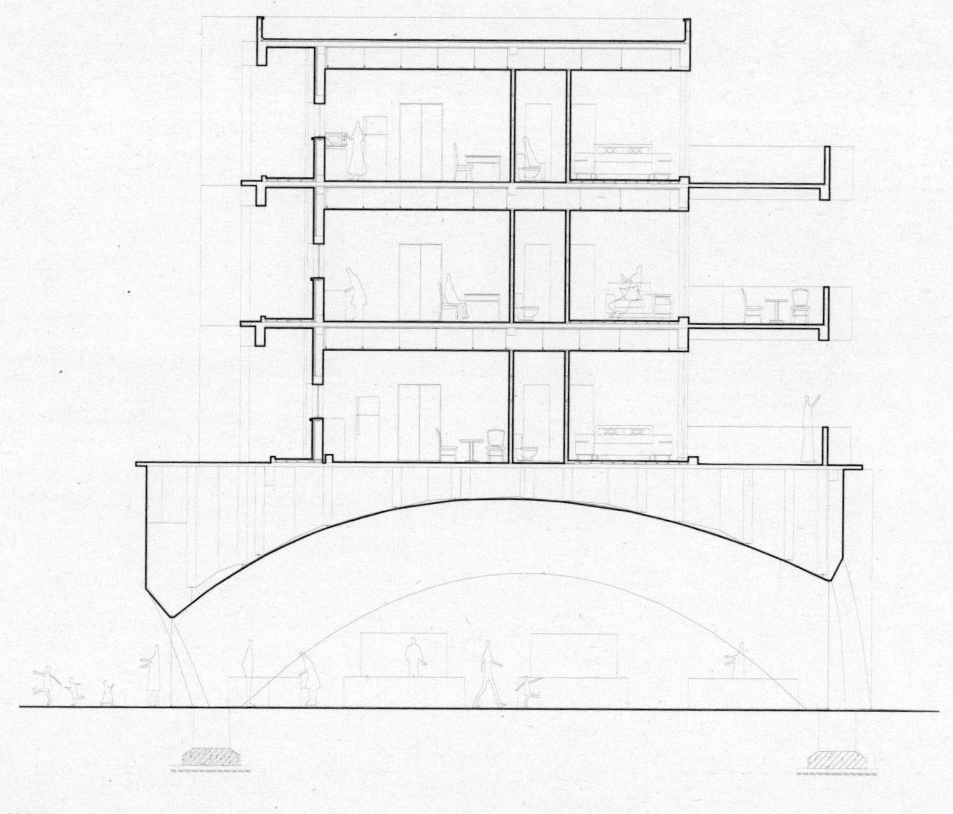

墙身图 1：200

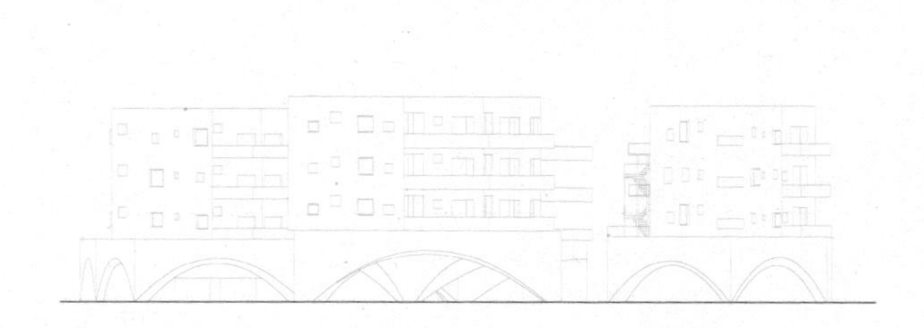

剖面图 1：1000

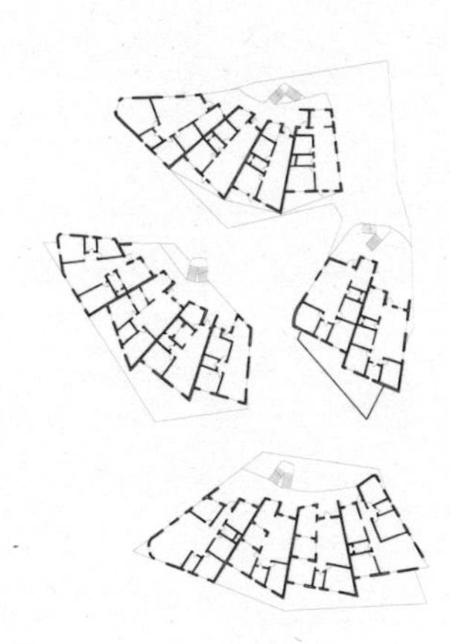

二层平面图 1：1500

张永和

这个设计图纸的平面图画法特别强调了基地的边界，似乎是在一个均匀的边界里放了四个岛。但是基地旁边有一座房子，建筑体量背对着它，基地上有条街道，建筑体量也会背对着它。这么做就好像边界四面的条件对设计者来说都是一样的。这个设计对于城市态度是否要再考虑一下？基地不是在一片空地上，它周围的街道界面和别的界面肯定是很不同的。要是建筑与基地周围的确切关系没有处理好，哪怕你设计了一个好的平台，它也不见得真的有质量，建筑与建筑之间的那些公共空间也不一定有质量。

汉斯·夏隆（Hans Scharoun）1950 年代设计的罗密欧与朱丽叶公寓，在处理场地、形态及平面组织方面，也许会对这个设计有一些启发。

这个课题被称为“小菜场上的家”，设计也可以有一点上海的地方特征。这个设计有一点装饰艺术风格，有点像上世纪二三十年代一些上海住宅的样子。虽然这种结果不一定是故意的，但似乎也不妨一试。

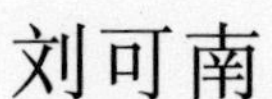

刘可南

这个设计建筑沿街道的形态看上去不太舒服，似乎与街道转角没什么关系。建筑的体量这样安排与城市空间的对应关系感觉也不太明确。一层架空的形式给了城市丰富的公共空间，但是街道界面的完整性这方面就需要再考察了。丰富的建筑体量带来了多样化的公共空间，但其具体质量在哪里，还需要更准确地表现出来。比如建筑底部的空间，用了特别的大跨度结构形式。这是菜市场的功能需求吗？传统的梁柱结构可能已经能够满足菜市场功能需求。现在这个结构形式，在这个尺度下，牺牲了一些使用上的功能。如果用传统的梁柱结构，一层就可以有底层商业，这样对公共空间可以形成更好的支持。在这些点上还要结合功能和使用，不要拘泥于形式。

陈屹峰

这个设计先设定底层流线，然后按流线把建筑分成几个体块，能这样考虑问题挺好的。这块基地周围确实不太均质，这样入手能很好地把基地周围的差异表达出来。由于设计者有很强的形式操控能力及表达愿望，使得建筑在形式上的表达压过了建筑与周边环境产生关联的要求。设计如果能多关注一下界面的差异性、空间在使用上的有效性，就更好了。

拉斐尔·古里迪·加西亚

设计中建筑与建筑之间的空间，作为广场显得略小，作为街道又嫌太大。外部空间的尺度需要再精确地调整一下。

散宅
Dispersed houses

学生

陈迪佳

导师

王方戟

总平面图 1：3000

本方案试图利用街角空间人流量大、公共活动频繁的特点，在街区内建立自由的空间关系，消解街区的封闭感和实体感，使街区内的活动松散灵活、畅通无阻，建立一种开放而有活力的街角状态。

从场地的现状出发，找到场地周围三个比较有可能产生较大人流量的点，三点相连可将基地切分为三块，形成两条内街；同时为将更

多的人引导到公共性较弱的东北角，又附加一条短动线。对于菜场、住宅的设计排布，就基于这三块子基地和两条内街展开。

上层住宅和下层菜场基本依照平台的逻辑进行排布，得到整个方案的大体格局。住宅的形式跟从概念，打散成七座一梯两户，并进一步分离成近似独栋的两座，用外廊连接并组织交通，从阳台入户。原本消极的入户平台因此成为每家阳台的前院，住户可以通过控制阳台门的开闭，与邻居形成一种半公共的连贯，在保证私密的同时增加了舒适性和通透感。同时在公共平台和阳台上也可以充分感受到街区内各个层级上的公共活动，与城市生活形成了一定的联系。

下部菜场根据公共性等级进行排布，在内街附近和沿街部分摆放公共性较强的商铺和菜摊，而水产、肉蛋类以及后勤则放到公共性弱的东北角。这样可以让基地内的两条内街呈现出活力。

在保证住户私密性方面，严格把控了公共街道到一层住宅中穿越流线上的公共 / 私密的状态，从路径上实现适应菜场环境的公共性到适应居住状态的私密性的过渡性转变。

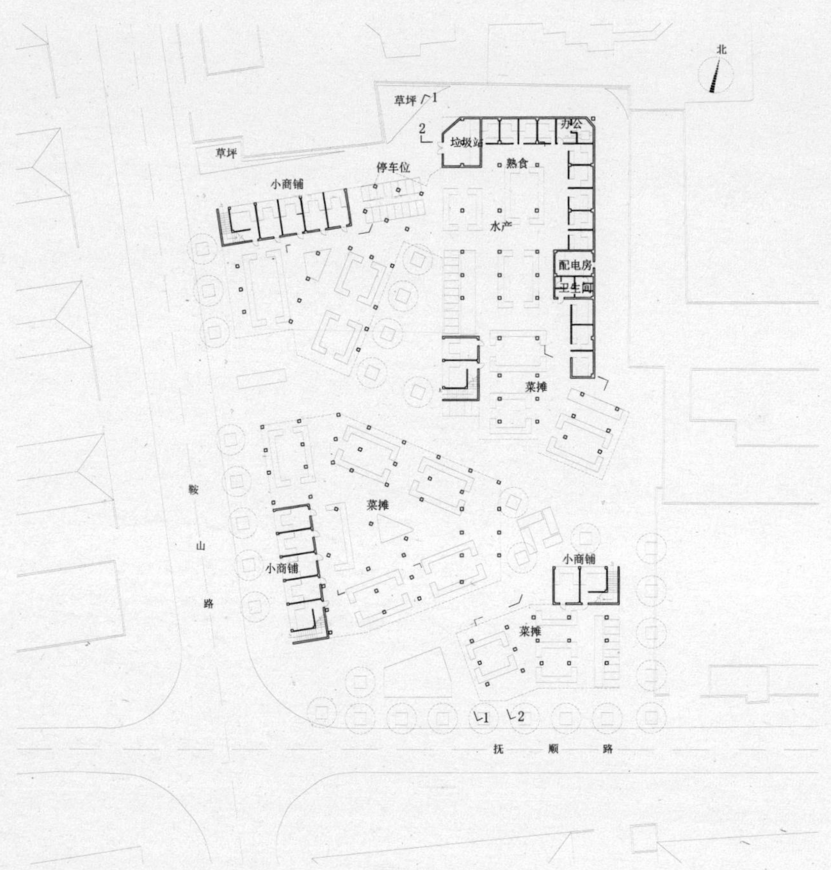

一层平面图 1：1000

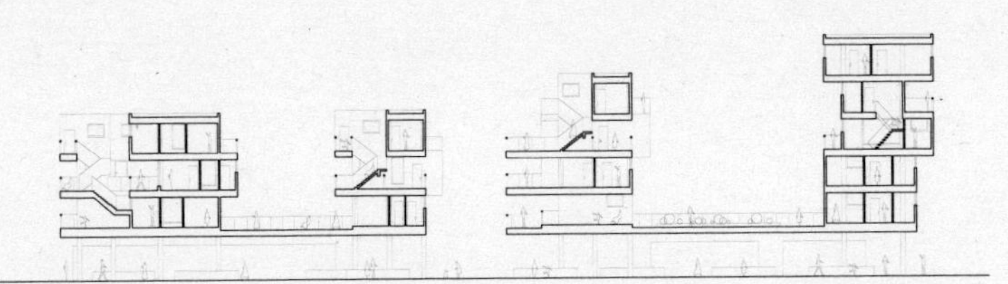

1-1 剖面图 1：1000

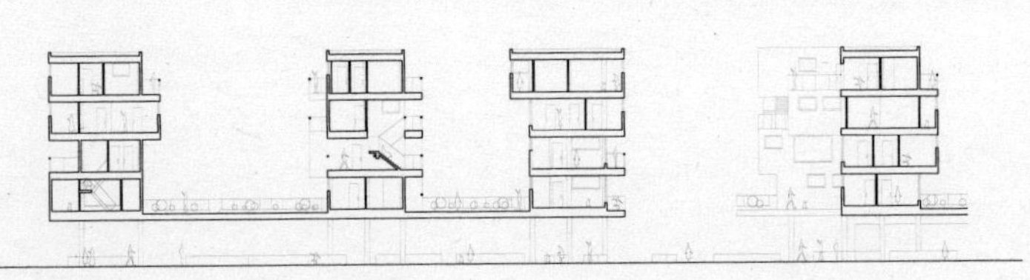

2-2 剖面图 1：1000

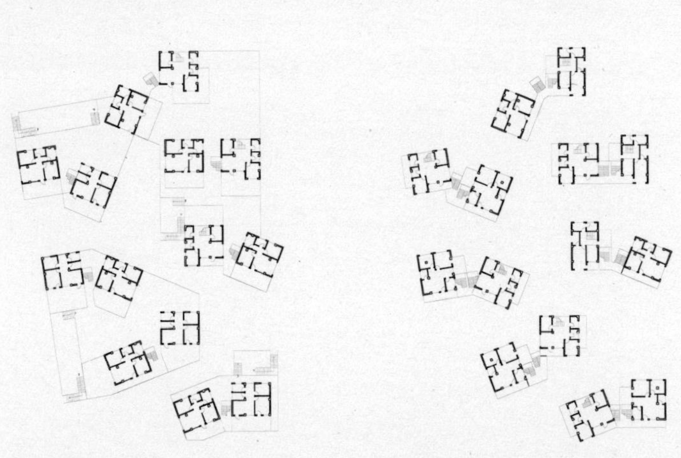

二层平面图 1：1500

三层平面图 1：1500

张永和

这个设计把楼与楼之间的空间叫街。我在想这个词与设计的关系。现在把交通空间好像都叫成街了。是不是也可以叫巷、胡同、里弄什么的？这些交通空间怎么设计才会感觉是街？这条街的功能怎么样，又服务于谁？现在看来好像想得不是很够。在基地上切了几刀，就成了重组这个地方空间的方法，这一点我是质疑的。

私家阳台与外界相连处隔以矮门，限定领地。

刘可南

这个设计描述的时候说是由街道构成的，是线性空间；但看设计及模型时对线性的感觉不强，倒像是由立体的三个岛组织而成的。设计中很多公共空间被放大，这些空间有点多，让街道的感觉变弱了。真要形成街道感觉的话，底层沿街的商铺应该更多，再控制一下界面，目前看好像店铺比较少。

这个课题中有一些方案只控制了大的流线，没有深入到入户的层面，也没有精力考虑私有空间与公共空间的关系，以及屋顶平台的使用等。这个设计做得很细致，在这些方面都处理得很好，完成度很高。

外廊和跃层平台共同组织起交通流线。

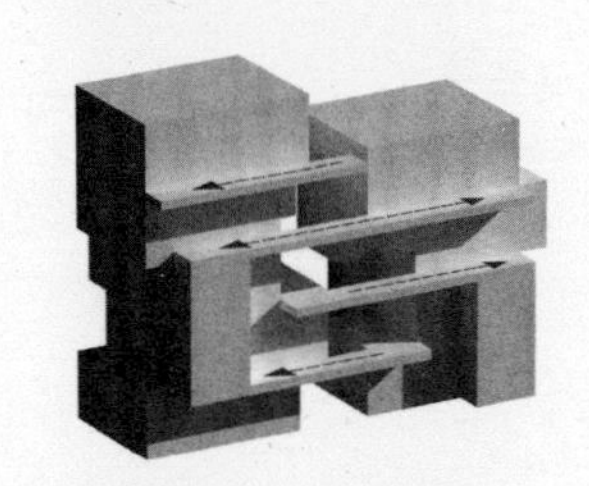

将各层以外廊相连，部分作为阳台。

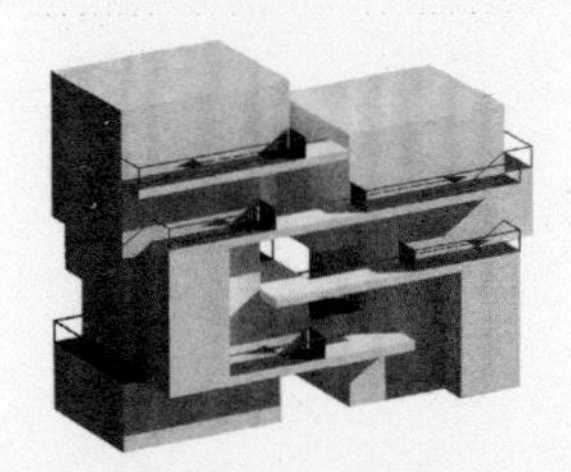

住宅按照位置近邻的一对作为一组。

陈屹峰

设计想创造一个没有约束力的外部空间，不想有空间及流线方面的指向性影响，类似于空中漫游的感觉。这个方案的沿街面很多，应该作为一个设计特点加以强调。设计中很好的地方是把住宅做成了两分的状态，在保证户型规整的前提下，能够很容易地适应下部的几何形状。两分的体量中间放了一个楼梯，使得住宅的楼梯上有一种公共性，并可以与城市空间沟通，很好地解决了问题。设计的完成度很高。

小菜广场
Small market square

学生

王轶

导师

王方戟

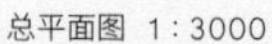

总平面图 1 : 3000

设计希望以一个较强的城市概念切入原有的功能计划——在商住混合的条件下，试图以置入城市开放小广场的方式，调和菜场与住家的关系，使三者共存。

在更为广大的区域中，分布着稠密的居住区，而基地所处街区包含社区活动中心、初级中学等重要公共建筑，置入菜场功能之后，这里的公共性将进一步提升。

为满足未来城市活动需求，同时考虑到小社区内部公共空间配置，设计将主要市民活动空间集中布置于基地中心，菜场及住家分布于南北，与公共空间共同形成“类似板楼”的整体布局。

南北侧住宅因中间的高等级公共空间而发生生活方式的调整，具体通过自下而上的南北互相跃层户型、大进深户型等方式形成两侧依中间退台的形式，每户因此获得面对广场的小院落。广场与社区的开放性均进一步加强。南北侧菜场为形成一体而增设连接通道，同时有地景式入户台地布置于公共空间。最后两个小广场联通，并通过结构设计形成一处开敞的覆盖空间供自由菜贩进行交易。

整体设计期望形成较为丰富的城市情境体验。

一层平面图 1 : 1000

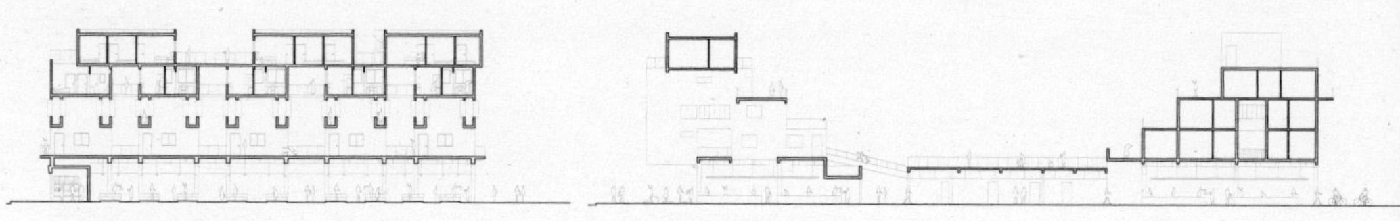

1-1 剖面图 1：1000

2-2 剖面图 1：1000

二层平面图 1：1500

三层平面图 1：1500

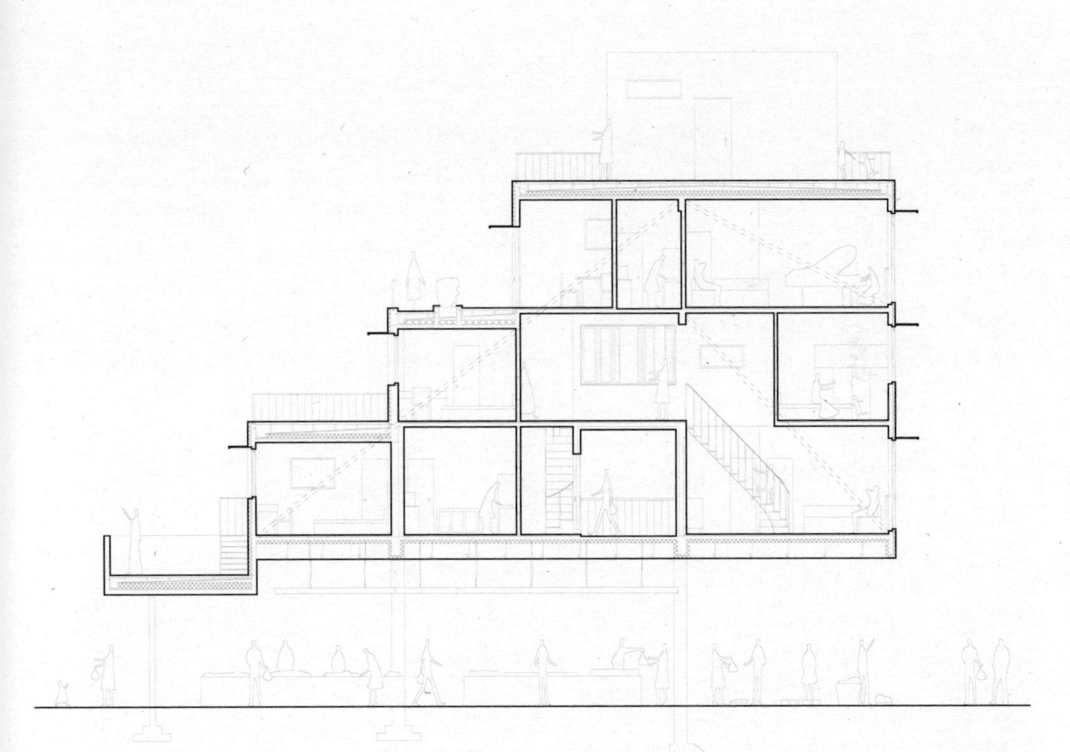

墙身图 1：200

张永和

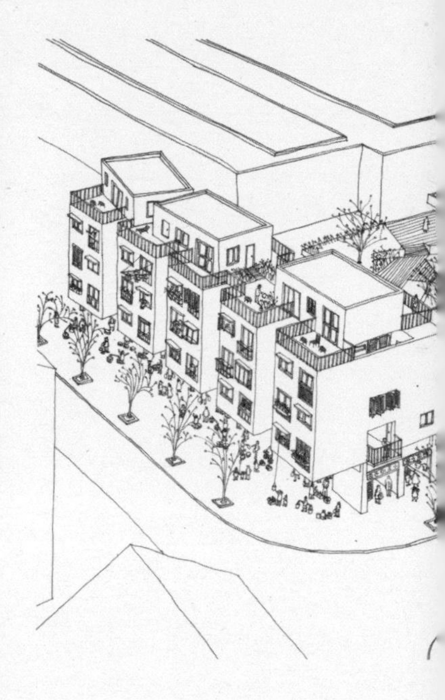

设计称这是一个C字形的菜场，这点我不能完全同意。C字形菜场应该是一个连贯的空间，卖菜、卖鱼、卖肉都可以在一个类似的空间下完成。这个设计最想营造的是中间的广场空间。广场各个边上设置层层跌落的“梯田”，然后才形成所谓C字中一横的部分。设计似乎有很多不得已才做的东西，让人感觉设计态度不够明确。做设计应该有更大的设计态度，比如这次课程中有的同学的设计态度是走复杂路线，当然怎么控制复杂性是另外一回事。那这个设计也许就是用最简单的方法来布置平面。设计中就设置两个板楼，中间的连接部分都有加，用这种最简单的方式来处理，反而能得到一个旗帜鲜明的设计。

这个设计中间空出来的广场虽然说是很大的城市空间，但真正能在这个空间中发生活动的城市性也许并不强。这里更像是前后两座住宅形成的社区的空间。楼里的小孩在这里玩，楼上的家长看着是不是有人要来拐我们家孩子。这样规模的空间是具有暗示的，不应该是一个社区性那么强的空间。最理想的是平台上有公共演出，这里像个城市舞台一样。

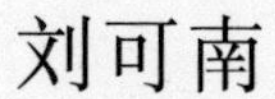

刘可南

这个设计中两座住宅楼之间的入户平台其实可以和基地东面的社区中心连接起来，因为这么一个尺度的平台，以及平台前的大台阶看上去是城市中很重要的角色，是一个开放的、大家都可以上来的公共空间。现在它仅仅负担了为下面菜场的人群遮风挡雨，为住户提供入户空间的责任，这不太够。其实它可以负担更多的意义。这个非常具有城市姿势的部分应该被更加充分地利用起来。

另外，这个设计为了强调中间的广场空间，把住宅处理成向广场跌落的梯田状，这样就把南边一条住宅南侧的生活翻到了北面，所有阳台成了朝北的。住户需要在南面晾衣服，为了实现一个概念而将住宅的使用方式逆转，这是不能成立的。

陈屹峰

把一个大空间开放给城市，这没什么问题，但处理上太直接了。有很多方法可以使这个设计看上去更合理，除了把平台与社区活动中心连接之外，还可以在剖面上增加点层次，让公共人流与住户人流通过剖面的设计自然分开；也可以加一个桥或者楼梯直接上住宅楼，通过这种更加简单的方法进行处理。现在设计中希望能让人感受到一层的公共性，又不干扰楼上住户的私密感；但实际的结果是，下面进来买菜的人和上面居住的人都觉得别扭。

张斌

这个设计把课题调整了一下，可以叫“家之间的菜场”。

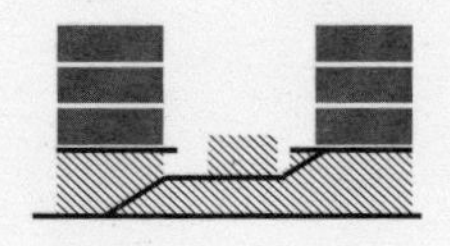

街宅
Street house

学生

宋睿

导师

王方戟

总平面图 1：3000

该设计旨在从城市环境出发，讨论社区和街道之间的公共性与私密性。试图针对中国当代封闭式住宅进行适应性更新，创造一种面向未来的住区模式，以获得更多的开放性、与街道的连续性。为了创造一个与城市街道有连续感的住宅，设置了一些靠近街道

的半层平台，借此将街道的公共生活引入住宅平台。半层平台上设置了一些便民的商业，一方面服务于街道，一方面服务于住户。

已有的住区和菜场的组合关系中有严格的界限，住宅一般坐落在一个大平台上，与外界联系比较弱。设计在住宅平台和菜场之间增加逐渐上去的半层平台商业，按功能特色分成四个组团，并成为到达住宅平台的主要入口。这些商业定位在休闲、日常必需品、社区文体活动设施等，服务对象主要为社区居民及前来买菜的附近居民。半层平台以及商业在增加回家的趣味性的同时，也加强了社区与城市街道的联系，为社区生活带来活力。公共生活从街道上通过一个线性的层叠空间上来，到达住宅平台，然后散落到每个住户的平台。希望住户在阳台上就可以跟下面的菜场、人、街道交流。

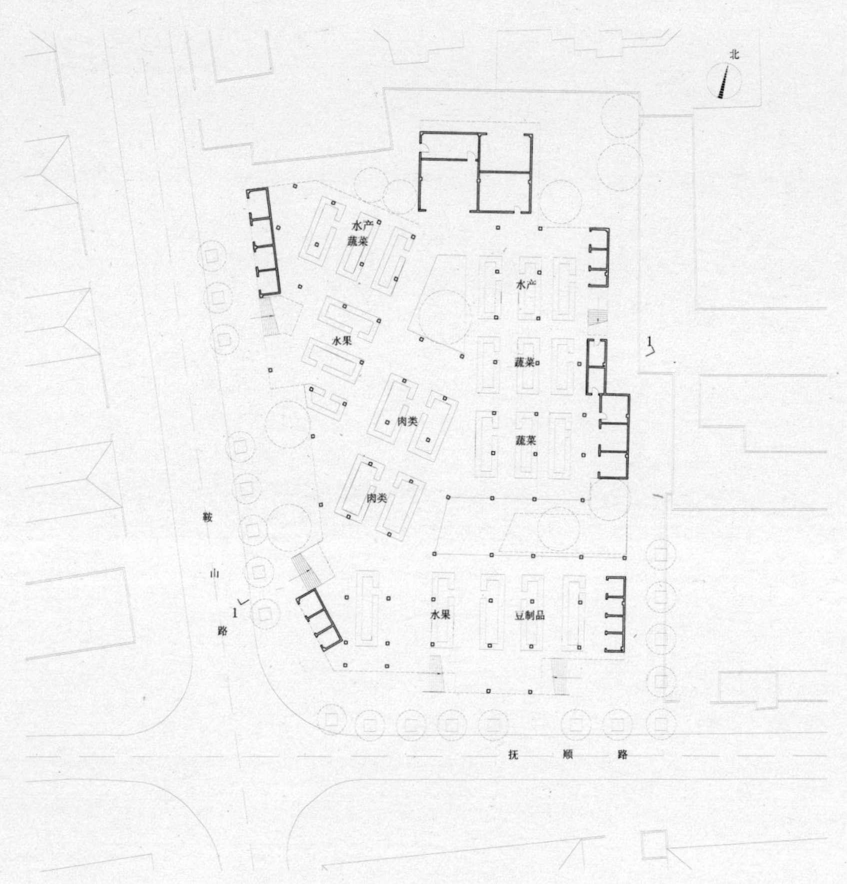

一层平面图 1：1000

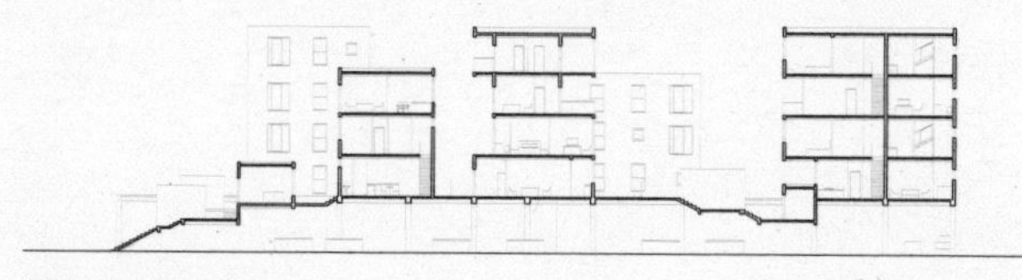

剖面图 1：1000

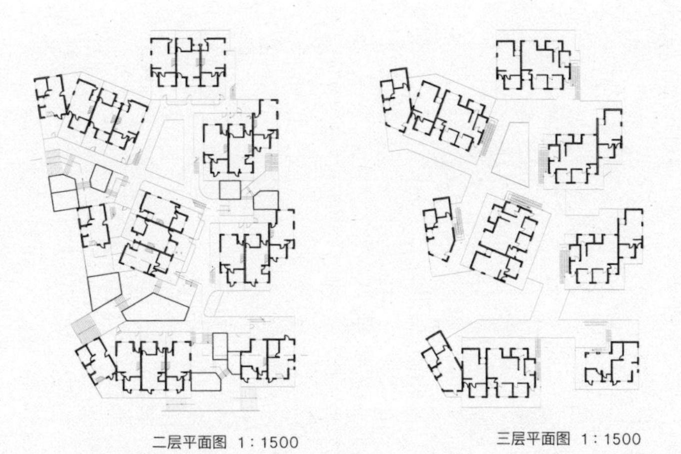

二层平面图 1：1500

三层平面图 1：1500

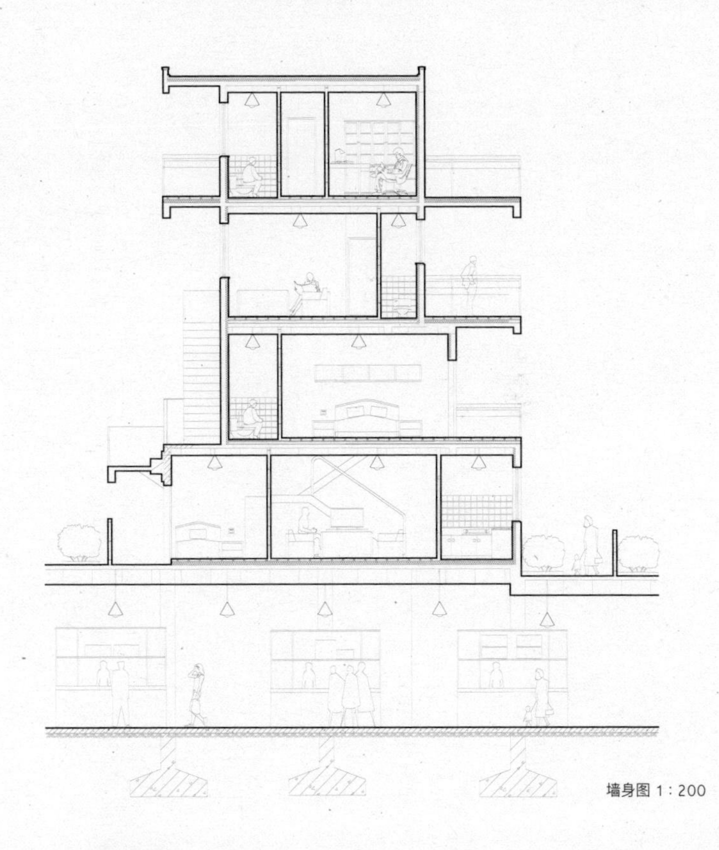

墙身图 1：200

陈屹峰

这个方案中有三点处理得挺好：第一、控制住了各处公共空间及建筑体量的尺度；第二、住宅部分公共空间具有层次感，通过不同高差把街道的公共性引入住宅；第三、在从街道通往住宅的半层高的平台上设置了小商店，人们在从街道往平台上走的过程中可以在这里停留，使这种纯粹的通过式行为有了活力。这与仅仅在屋顶种点植物就很不同了。人在不同的高差中游荡可以感觉到一种趣味。这种安排在其他大多数方案中还没有看到。住宅内部是最私密的空间，街道是最公共的空间，其间确实可以创造出很多层次。这个方案就是在公共性层次上处理得比较好。

设计中通往住宅的楼梯都处理得过于简单，好像仅仅为了满足功能。屋顶上的公共空间已经有那么多层次了，作为公共空间的一部分，楼梯完全可以把这种感觉强化，做出一点层次。比如楼梯可以多分几段，再创造一些平台。另外，设计对菜场本身有些压抑，毕竟课题是小菜场上的家，不是停车场上的家，需要兼顾大家的利益，让买菜的人也能感觉到愉悦。

张永和

假如把城市公共空间直接引入住宅街区，那住宅边整天都是陌生人转来转去的，这跟住宅社区里人的利益肯定是有冲突的。这个设计用一个设置在半平台上的小商店，把商业带来的人流变成了城市公共空间与住宅区半私有空间之间的一个层次，类似于住户约个朋友在半平台上的咖啡馆见个面这样的活动就可以发生。

然后这种公共性的过渡及商业引入的设计就成立了。对于这个设计来说，这些小店是很关键的。

看到这个设计时，我的第一反应也是上下的关系不够紧密，但也没想出来怎么能加强这种关系。另外，住宅体量在布局的时候，有的是与主轴线平行的，有个别则是拧来拧去的。我感觉它们不是按一个秩序安排出来的。

张斌

这个设计在进入住宅前的过程都很愉悦，在楼梯上突然就变成了泰山千步梯式的很陡的攀爬体验，这样不够均衡。设计中有小商店的半平台上除了从街道上去，假如菜场中也能有通路可以上去的话，菜场空间会好很多。

拉斐尔 · 古里迪 · 加西亚

这个设计让我想起了库哈斯的一句话：复杂城市中的问题常常靠引进更多复杂性去解决。这个设计处理得挺好，虽然菜场与上面的住宅确实缺少一些关系，但菜场多少还是一个菜场，我喜欢这个方案。

一坡之隔
Divided by a ramp

学生

韩雪松

导师

王方戟

总平面图 1：3000

本设计尝试用菜场和住宅中间的分隔作为设计概念的核心，通过对连接二者的这条纽带的处理，对它们产生积极影响，并使之紧密结合。

对菜场来说，有朝向变化高度的屋顶满足了自身向城市热闹街道开敞的需求，同时在这个高度变化的过程中，完成了主要交易活动区向小商铺以及辅助空间的过渡。我

把菜场分成两部分，中间有穿越的街道，希望能和社区中心相连。

对上面的住户则形成一种类似坡地生活的居住方式，在高差变化的过程中达成各住户的均好性，使每户均有南向的采光和一定的私密性。剖面高度的变化形成了类似于在坡地地形上居住的方式，每个住宅的体量都经过控制，同时能满足采光通风、私密性的要求，基本户型都有六米见宽的朝南面。

这种高度变化，在住宅之间制造了很多高低不同的平台，设计在这些平台上组织了绿化和室外的公共空间。在基地中共出现了两个这样的坡面，而住宅和菜场的关系就在从七米高的屋面变成小土坡的过程中达到和谐。

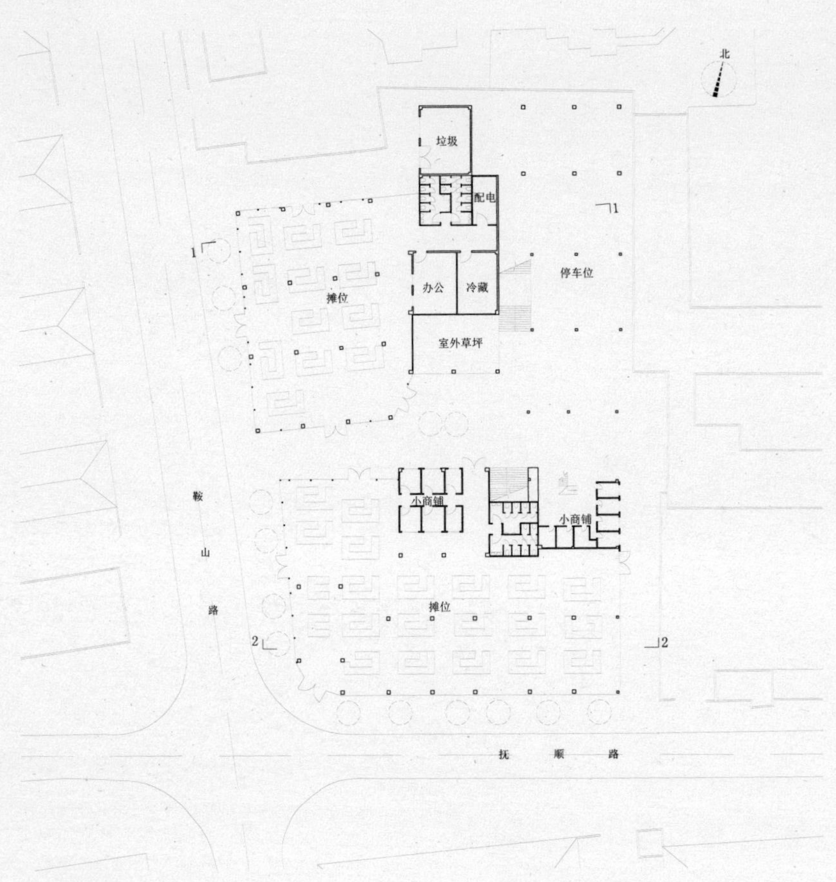

一层平面图 1：1000

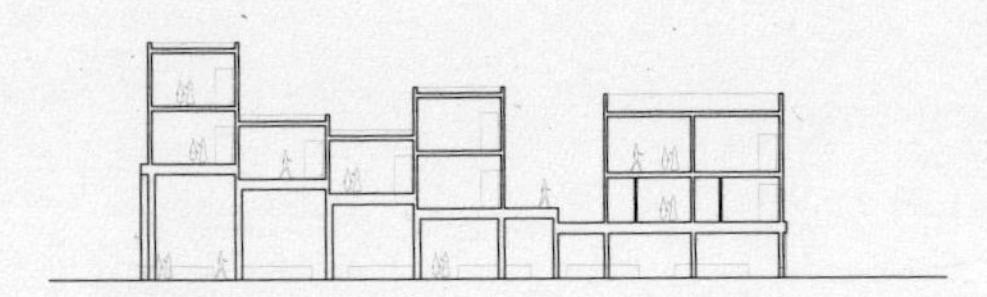

1-1 剖面图 1：1000

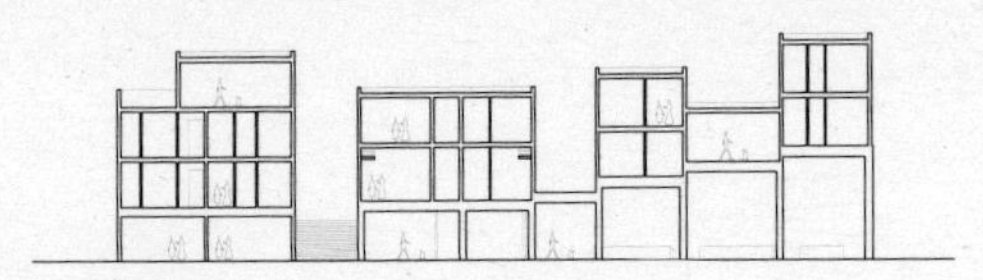

2-2 剖面图 1：1000

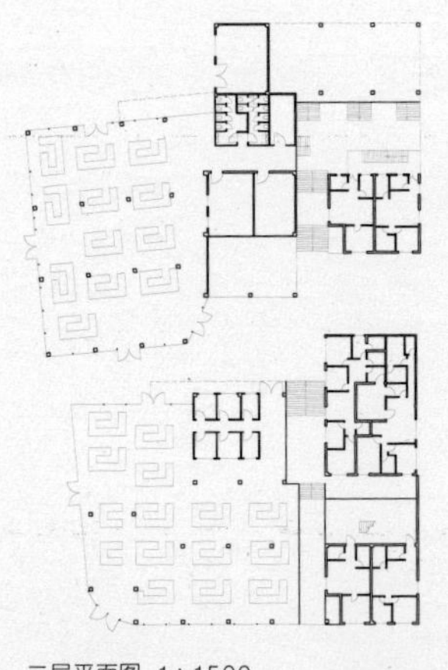

二层平面图 1：1500

三层平面图 1：1500

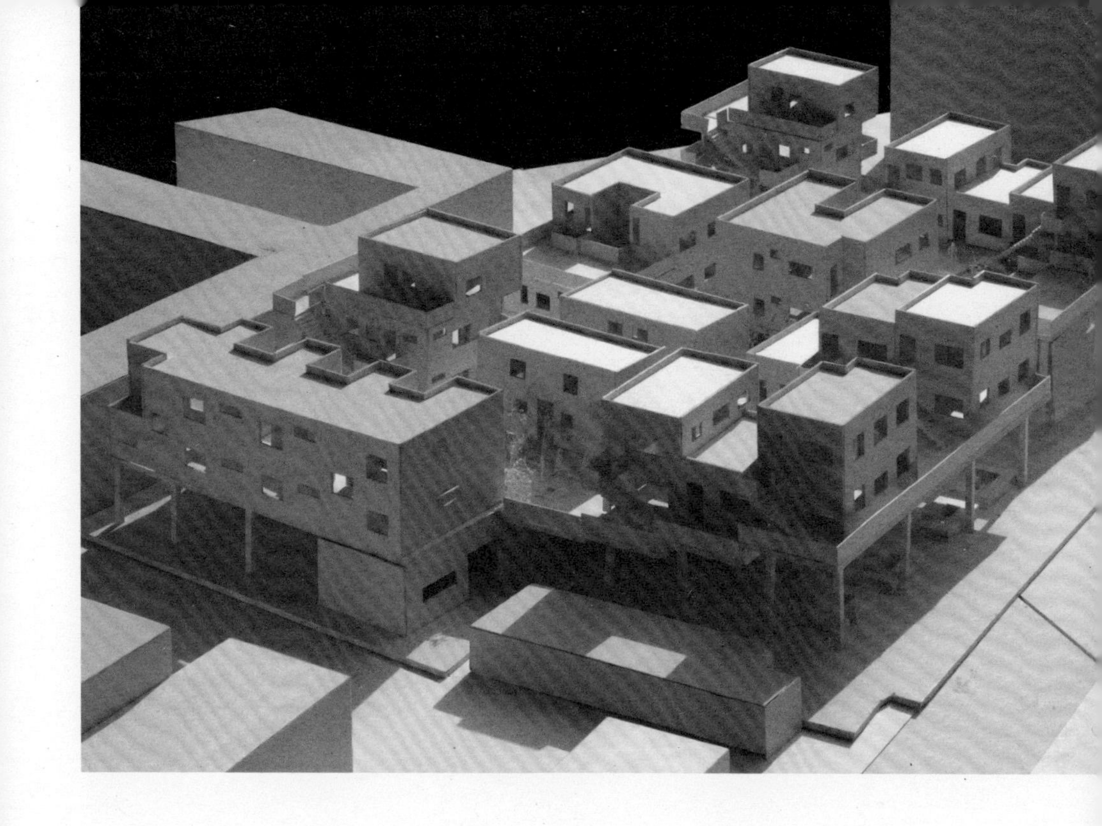

张永和

建筑中的空间尺度可以很大，也可以很小，大或者小都可能做得很好。尺度跟人的身体有关，人通过身体去体验城市及建筑。那些很宽的马路、广场等，很难给人某种感受，就是因为它们的尺度超出了身体的感知可能，人已经感受不到它对空间的围合了。这个设计想在菜场中形成一个很高的空间。如果这个空间是个教堂、美术馆之类，那很自然；但菜场是一个日常的空间，这么做就需要解释这个高大的空间是如何与菜场功能相结合的。比如说这么高的空间里可以局部做夹层，空间下面卖熟食，人们在下面买了东西就可以到上面夹层去吃吃喝喝。空间被积极有效地利用了，但还是能给人很高敞的感觉。只有这样，菜场才能跟城市日常生活的尺度产生关系。

除了底层的高空间菜场外，这个设计还希望创造一个坡，把住宅放在坡上。一般来说，坚持设计中的初始想法是很积极的。但在设计的过程中，需要有很多战术，用战术把问题解决，把概念落实。拿这个坡来说，住在坡最上面的人每天要爬那么多台阶上来，挺辛苦的。那就要用战术去应对它。设计中希望用这些平台给这个坡创造一些高潮，但这个平台实际上没什么功能，在上面也看不到什么景观，从方方面面看，这里都处理得差强人意。做设计的时候要一直问自己：设计的起点在哪里，走到现在有什么问题，有了这些问题这个概念该如何发展等等。坡也不是什么特别的想法，很多人都在做，都能做得很好。这个设计应该在早期做一个梳理，看有哪些问题需要解决。还是具体处理设计及概念上有问题。

陈屹峰

看上去，这个设计想要在坡上做住宅，才有了底层空间很高的菜场，功能上应该不需要那么高的空间。设计的立足点应该想怎么把坡做出来，同时又不影响下面的功能。这么高的菜场如果对着世纪大道那是成立的，对着鞍山支路就很难成立了。从城市角度看这么做不一定合适，它的基本的立足点要打一个问号。退一步看，要是建筑与城市的关系及功能都有一些牺牲，设计上要是能把这个坡及坡上的住宅做得淋漓尽致，那也过得去。感觉上这个坡的文章也没有做足。不像宋睿的方案，她没有刻意做坡，但是建筑反而有一种坡的感觉。坡不在于要从正负零零的标高开始走到多么高，只要做到感觉能表达出来就可以了。也就是说，坡和高度没有必然的联系，坡不见得一定要做到 10 m 的最高点。

拉斐尔 · 古里迪 · 加西亚

这个设计中住宅类型太多。最好把住宅做成统一的类型，就算长得不一样，也可以有相似的空间构成方式。在沿街做平台位置太高，人们是不会爬坡到这种地方去休息的。这样的设计很无效，还不如在这里放一个住宅。

刘可南

这个方案的每个住宅都不太一样，但公共空间却有点乏味。我觉得设计应该倒过来想，可以把住宅做成有规律的，而公共空间的尺度、使用方式、与住宅的交接关系、院子的设置等等，应该被仔细地考虑。

内街
Inner street

学生

戴乔奇

导师

王方戟

设计概念从对菜场现实使用状态的观察中得到：由于高利润而能支付高租金的熟食店占据了菜场的沿街面，上下班高峰时交易量大，导致顾客滞留人行道上，造成拥堵；而菜场内却缺乏生气。由于基地位于街角，设想创造一条斜切基地的内街，将熟食店、小吃摊等功能翻转到基地内部，并形成一个小型广场。平衡租金分布，将人流量相对较小的菜摊翻转到人行道上，尽量减小菜场对主要街道的干扰，而菜场内部更加公共。

住宅部分结合底层的平面格局处理成围合式布局。为使住宅部分也有一定的公共空间，将中间被围合空间的一部分作为住宅的半公共平台，另一部分作为底层菜场的小广场。于是在一层和平台层形成两个公共空间，在空间上相互借力。从住宅的公共平台上可以往下看到地面上的城市生活，从菜场内的广场往上看则有比较开敞的空间，使两个公共空间都不至于显得狭窄。考虑住宅日照、通风、私密性等要求，东西两条住宅在形态上被处理成连续斜顶。立面考虑与周边建筑及自身的统一进行了深化设计。

总平面图 1∶3000

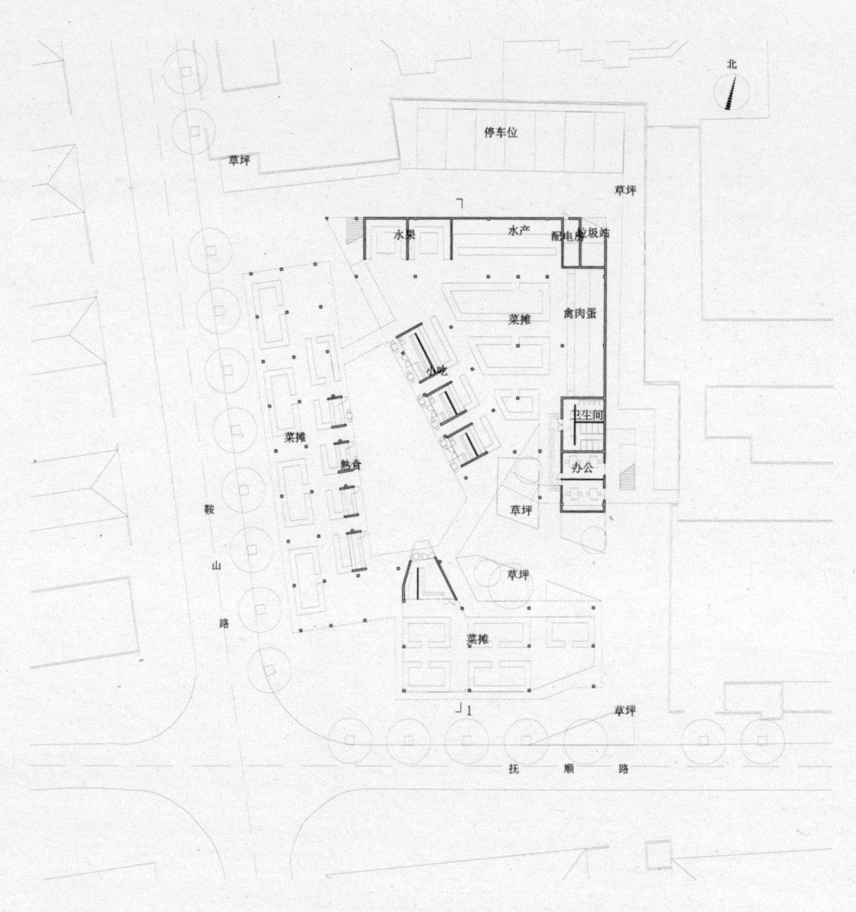

一层平面图 1：1000

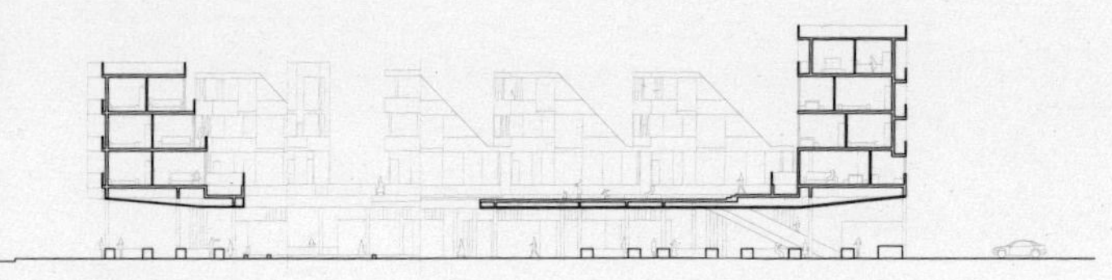
剖面图 1：1000

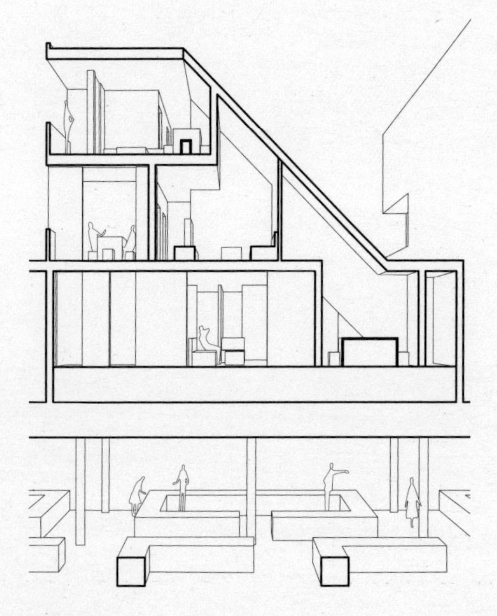
剖面透视图

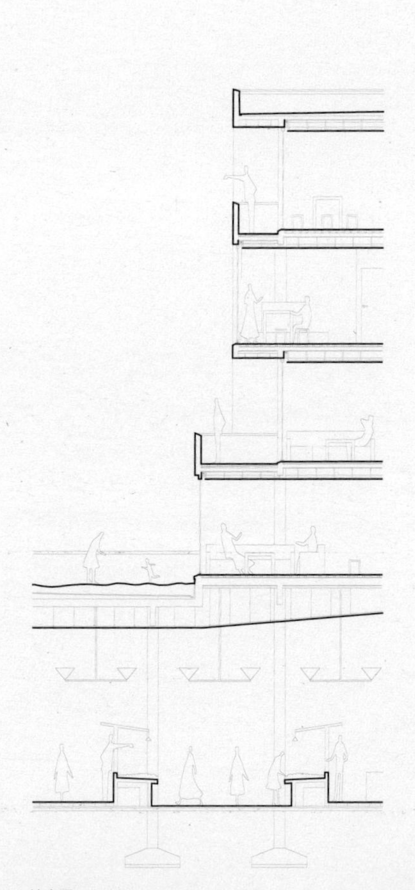
墙身图 1：200

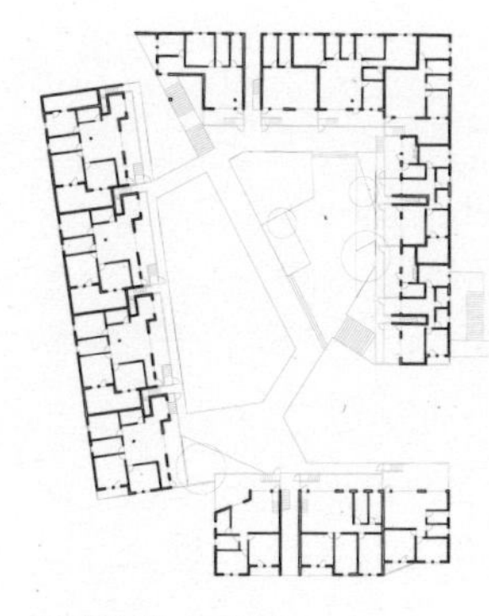

二层平面图 1：1500

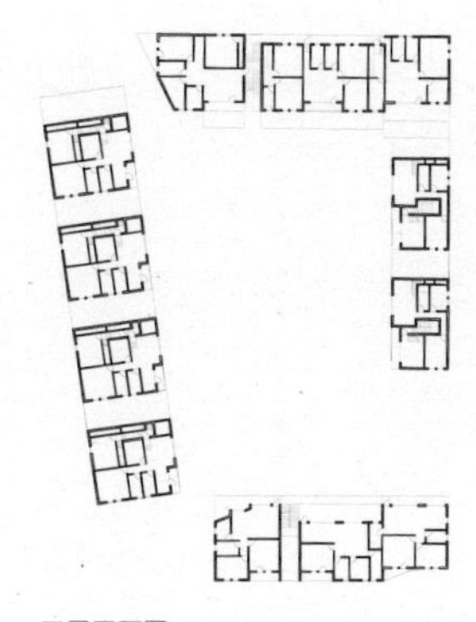

三层平面图 1：1500

张永和

设计展览时的图板排版不够理想，比如模型照片太大，与实体模型的表现有重复，而平面图又显小。

参加了这个设计课题的同学就明白了，集合住宅的单元组合是很难的事情。这个设计很有创造性地利用坡顶，使前后两栋之间有了很有意思的组合关系。这种组合中住宅从东、西和南面都可以采光，因此北面的斜坡上就只有一个窗。我比较担心，这么做这个空间很难通风。另外，由于斜坡后面的住户从家里看出去的就是前面一户的屋顶。设计中在斜坡上用了清水混凝土，我不确信这样处理是否合适。

张斌

中期评图的时候，老师们就对这个设计斜顶下的空间表示了好奇，现在看最终成果，在这个空间设计上还是不够理想。

拉斐尔·古里迪·加西亚

设计中不知道有没有为那些平台上的树设置足够尺寸的树穴。斜顶的形式挺好的，但我觉得这个不寻常的顶下面应该有一个不寻常的平面布局。目前看，这个设计的平面布局和开窗方式显得比较传统。

陈屹峰

这个设计的概念与最后成果之间还是匹配的。设计希望把底层来菜场的人流都引到基地内部，因而开了一条内街。为了避免内街上的噪音对住宅过于干扰，利用菜场的屋顶给住宅部分提供一个活动的平台。另外还考虑到基地内部的路径与周围城市系统的连接。

我比较质疑的是西边沿街的这条住宅。把这条住宅拿掉，以其他方式解决住宅总体容量的话，这个设计会有趣很多。我感觉这个斜顶是不得已才做的。这些很厉害的几何线对住宅产生了太大影响，把住宅给压缩了。我觉得西面这一条不一定要恪守一个很几何的秩序。从均好性角度来看，西边的这条也不如其他的住宅，那几条住宅都有公共平台可以利用。要是西边这条住宅在有些地方做一些平面上的退让，做得松散一点，情况就会马上不同。

裙边小菜场
Market with skirt

学生

蔡宣皓

导师

王方戟

总平面图 1：3000

基地地处杨浦区老住宅区的街角。考虑到菜场的工作时间、声音、气味等因素与居住的冲突，采取了菜场和住宅分离的策略：将菜场沿街布置，充分利用沿街两个城市界面的商业活力；将住宅部分放在基地内侧，以保证相对安静私密的环境。

长条状的菜场形态上采用了较为通透的连续拱顶，鼓励城市流线

穿越，并把卤味店、干货店等业态放在内侧形成内街，从而给内部商业界面带来活力，另一方面也改变了现有菜场中固定店铺占用过多城市界面的格局，让普通摊贩能更多接触城市街道，获得更多的商业机会。住宅也通过内街进行过渡，与菜场既有分隔又有联系，避免了相互干扰又能够有机结合。

住宅通过围合形成内向舒适的专属庭院环境，同时抬高一米利用标高进一步强化这种居住体验，另外通过一跑一层、南北交替入户的方式让楼梯间更加通透，削减连续板楼的体量压迫感，也让楼梯平台拥有增强住户间交流的可能性。

北
门卫
物业
办公室
垃圾站
男厕
女厕
储藏间
配电间
调味品
卤味熟食
豆制品
干货
豆制品
炒菜
水果
卤味熟食
土产日杂
小吃
鞍山路
抚顺路

一层平面图 1：1000

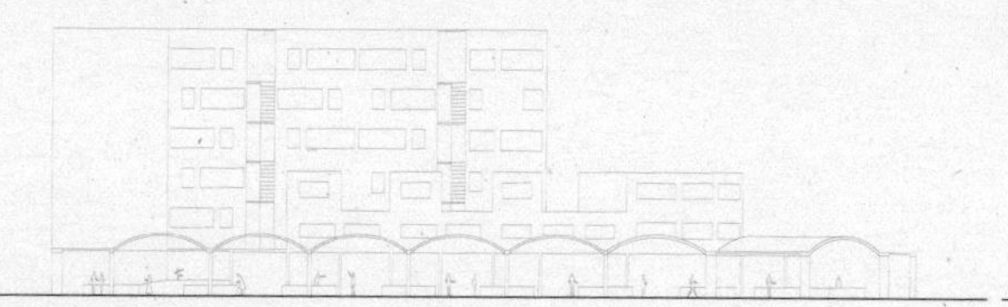

西立面图 1：1000

南立面图 1：1000

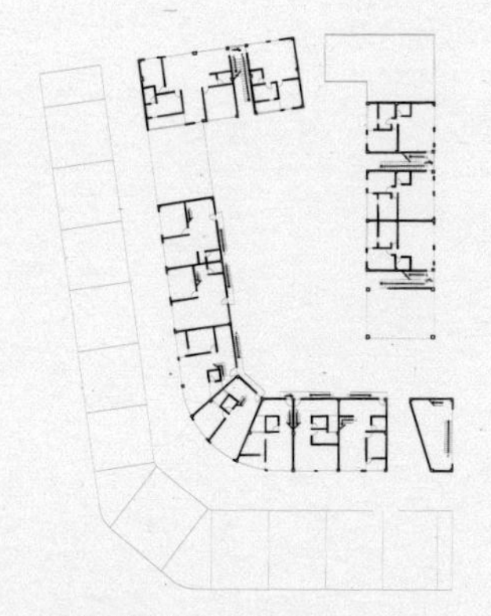

二层平面图 1：1500

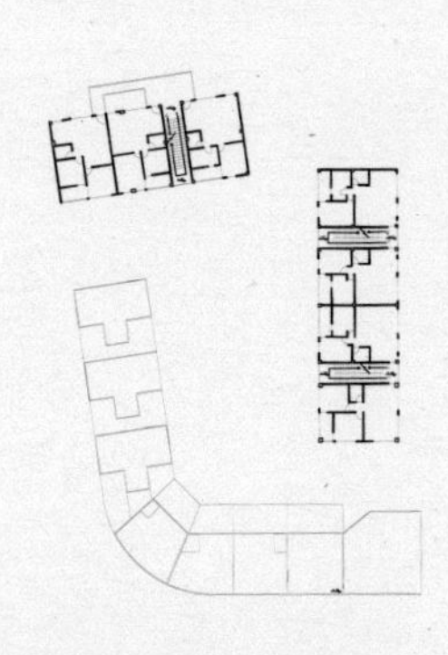

四层平面图 1：1500

张永和

基地边本来就有一条街道，这个设计还要再重复一条五米宽的街道，难道本来那条街道不能满足功能的需求？这个宽度都可以走车了，把那么多的基地面积做了一条重复的街道，好像不太对。这个菜场完全可以做成底层打通的连续空间。在外面设三五个小商铺，然后留个通道通到后面的空间去，这么做也完全可以达到你的目的，不需要这么大一条街嘛。其实建筑的答案永远不止一个，这是这个行当有意思的地方。

感觉上这个设计中的很多决定都是走到哪儿就哪儿，都是局部的决定，不太能加起来。从基本层面上讲，设计应该建立一种秩序。那就意味着做设计的时候要只做一个事情，不能变来变去的。这个设计里有很多偶然的东西，比如小体量住宅突然就出现了，觉得是随便放上去的。让一个外行来做设计，他们就常常这么干。要说多糟糕，那倒也不是。可是专业人员做设计的时候要考虑这个小体量房子与整个空间的关系，跟院子、树之间的关系等等。设计中各个因素之间一定会构成一个体系。虽然听起来这个要求好像很僵死，但这是设计的基本条理。如果不喜欢这个系统的方法，那完全可以学明白了以后，有了足够的思考上的自由，再找方法打破它。这点上不要着急，要慢慢来。但是我所说的方法很关键。这个设计的过程有问题，作为设计师我们能意识到这位同学在哪点上还没懂。

陈屹峰

感觉菜场的顶像是临时的，随时都可以拆掉。从整体上来看，把这个顶拿掉好像也没有问题。

设计中有的房子拿掉，方案依然是成立的。把这块房子变成另外一个东西放在另外一个地方，这个设计还是成立的。一个设计可以这样或那样变的话，说明设计中各因素间的关系是不紧密的；如果这个设计是一个完整的东西，那拿掉一块之后就不能成立了。要做到把不相关的东西放在一起形成一个完整的东西，谁都拿不掉其中任何一块，需要非常高的水准。初学者很难这么开始思考，所以还是从比较基本的，以秩序来统帅整个设计的方法去思考比较好。

刘可南

这个设计中住宅有一半以上朝向不是很好，但是可以争取到好朝向的东北角却留着没有。也没看出来这么留着有其他价值，或者对城市有什么意义。

每个人心中的菜场都不一样。这位同学心中的菜场是比较乱的，所以他采取了一种隔绝的姿态，把菜场甩在外面，在住区里面留一个环境怡人的院子。设计的逻辑是要一种断裂的关系，自然就成了有断裂感的结果。

交织
Interwoven

学生

曹诗敏

导师

王方戟

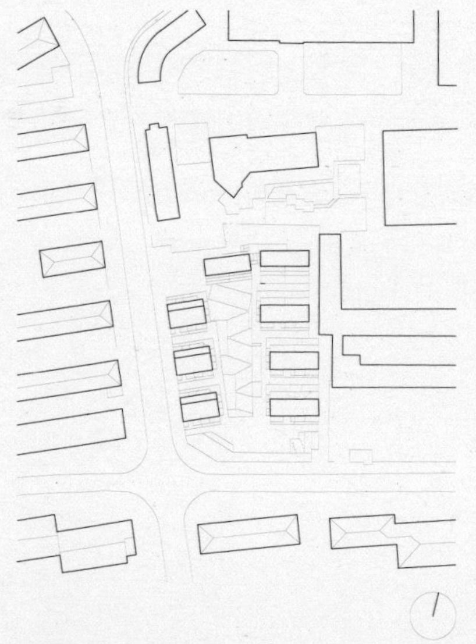

总平面图 1：3000

设计希望将街道、菜场、广场、坡道、平台、住宅等多种元素共同融入公共生活，创造一个不同活动互相交织、互相促进的场景。

设计将人流从住宅后面引入封闭的住宅区，一直到靠近街角的平台。南侧的住宅北向退台，最北边的两排南向退台，露台、平台、楼梯都放在外头，和中间大坡度广场一起构成公共空间，靠近街角的平台做了降低处理，和东侧的社区活动中心产生关系，人们可以在台阶上发生活动，也可以被城市的人感知到。一条景观坡道将一层与二层连接，创造开放的城市空中广场，供居民日常休憩娱乐。景观广场和坡道种植多种植被，能缓解菜场带来的气味影响。菜场向街道开放，通过坡道，花园与上层产生联系。

住宅呈阶梯状，楼梯、阳台等暴露在外，参与公共空间的组织。因为坡道的存在，住宅小区不同于上海传统围墙门禁的做法，而是通过垂直设计多次分离人流，住户与周边居民共同活动的场所更大。跃层的住宅，保证了每户都有阳台或者露台。

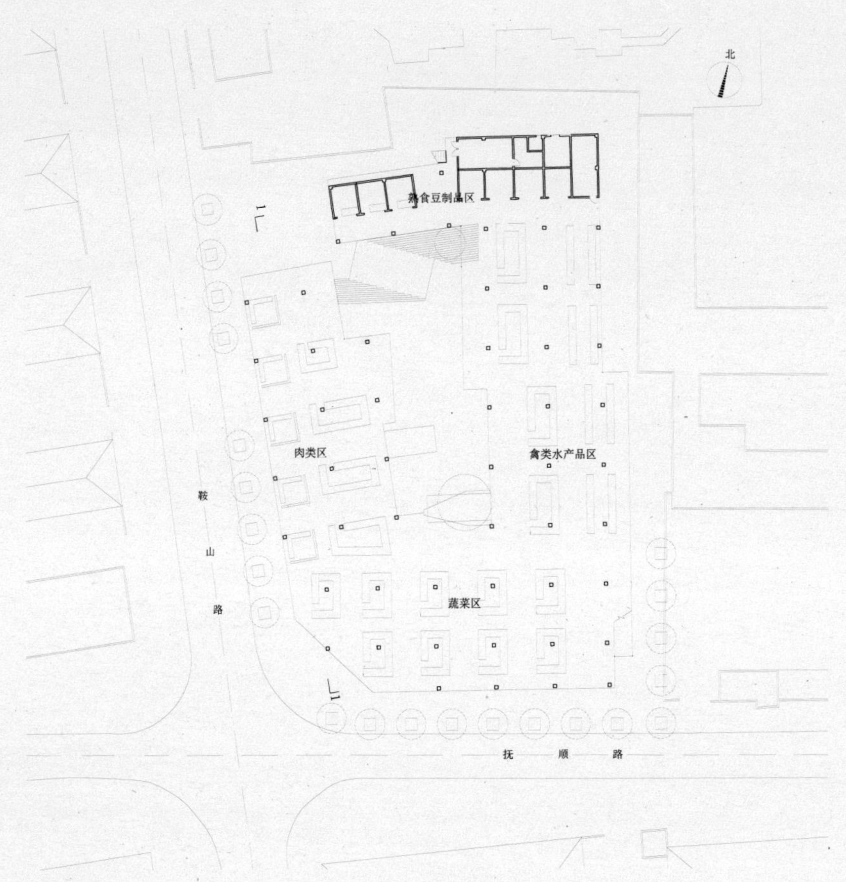

一层平面图 1：1500

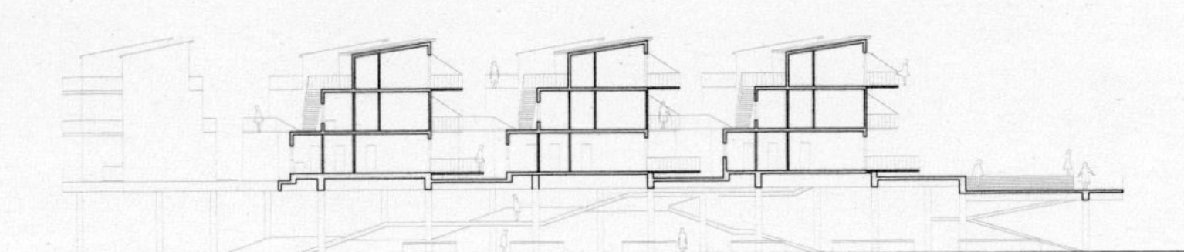

剖面图 1：1000

立面图 1：1000

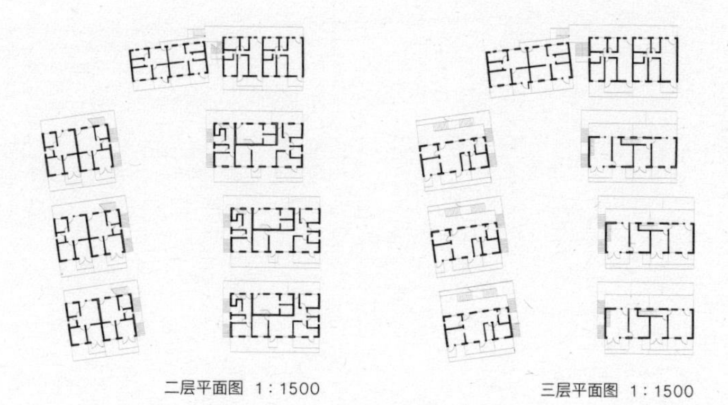

二层平面图 1：1500

三层平面图 1：1500

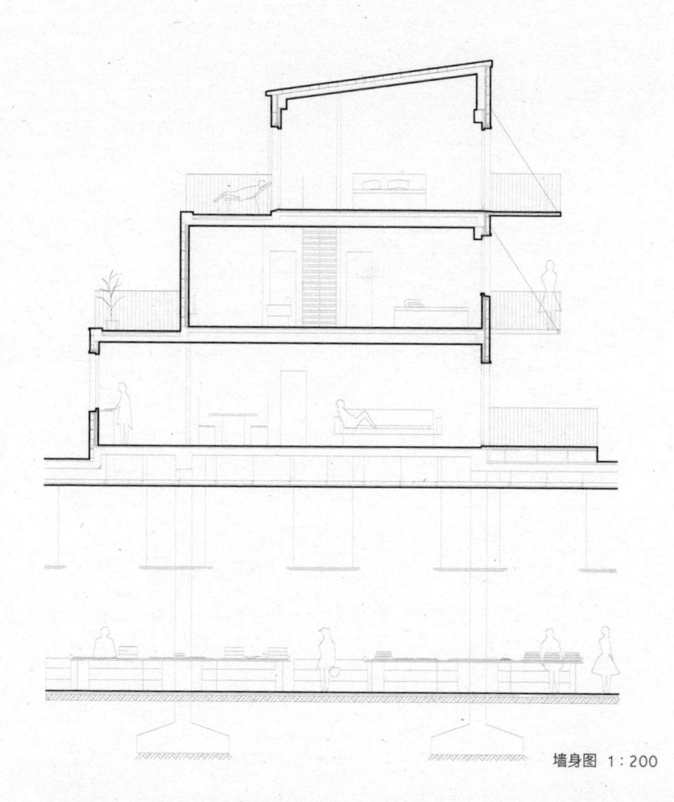

墙身图 1：200

张永和

目前很多社区的私密性都是靠围墙和门来得到的。这个设计用地形的手法，让社区有一定的私密性，但又不会给人一种很封闭的感觉。利用菜场屋顶做的屋顶活动平台是很开放的，因而也显得很积极，这是这个设计很有意思的地方。设计的问题是，建筑中公共空间的品质很好，但是住宅间距太小，都快成了广东城中村里的“握手楼”了。住宅间距不仅仅是满足日照就可以了。外面有那么好的空间质量，建筑之间也应该有相应的更有质量的外部空间。现在两部分空间质量悬殊那么大，不知道的人还以为这是一个老社区改造的方案呢。完全有可能把大坡道及台阶往住宅之间的空间引，以增加两部分空间之间的连续感。由于住宅体量之间的空间比较紧，这个设计鼓励住户到公共平台上活动，看上去不需要那么大的阳台。这些大阳台使住宅之间的空间显得更加紧张。

陈屹峰

这个设计花很大力气做了一个景观，兴趣点主要放在中间公共空间上，整体感不强。为了把中间的大公共空间做出来，牺牲了住宅。住宅中的退台也像是没有办法才这么做的。如果能平衡一下，比如把中间公共空间部分稍微做窄一点，把住宅的体量拉长一点，或者个别住宅的体量适当加大，这样住宅之间的间距就可以放大。没有必要一定要让住宅的体量整齐划一。

刘可南

这块基地的西南及南面对城市更加开放，而不是北面。方案用一个很大的坡道把人引导到一个开放的屋顶平台，但这个坡道是从北面开始的。其实从基地西面及南面直接做大台阶把人引导上去，应该更加直截了当一点。

拉斐尔·古里迪·加西亚

我觉得这个设计中间的斜坡及台阶尺度有点大，对于这种规模的社区住宅来说，它的纪念性太强了。我也不确信广场在二层，其公共性是否能够保证。底下的菜场是一个很大的没有光的空间，这可能会有些问题。

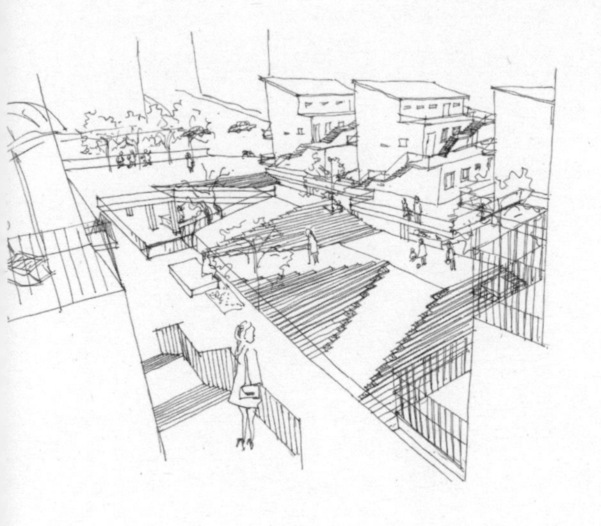

教师简介

王方戟

1990　重庆建筑工程学院建筑系，工学学士
1993　同济大学建筑与城市规划学院，工学硕士
1993—1997
　　实习，约翰·波特曼建筑设计事务所
　　上海办公室
1997　同济大学建筑与城市规划学院，工学博士
1997— 同济大学建筑与城市规划学院任教
2000—《时代建筑》杂志兼职编辑
2003　获中国建筑学会建筑师学会中国青年
　　建筑师奖，设计竞赛佳作奖
2004—《世界建筑》杂志编委
2004—2006
　　南京大学建筑学院研究生建筑设计课客座教授
2007　与伍敬创立上海博风建筑设计咨询有限公司，
　　任主持建筑师
2010　同济大学建筑系教授
2011　参加 2011 成都双年展国际建筑展
2012　参加 2011—2012 深圳香港城市\建筑
　　双城双年展
2012　参加 2012 米兰三年展
2013—《建筑师》杂志特邀学术主持

张斌

1992　同济大学建筑与城市规划学院，建筑学学士
1995　同济大学建筑与城市规划学院，建筑学硕士
1995—2002
同济大学建筑与城市规划学院任教
1999—2000
入选中法文化交流项目“150 位中国建筑师在法国”，赴法国巴黎维尔曼建筑学院（Paris-Villemin）进修，并在 AS 事务所（Architecture Studio）担任访问建筑师
2001　担任《时代建筑》杂志的专栏主持人
2002　创立致正建筑工作室，并担任主持建筑师
2004—　任同济大学建筑与城市规划学院客座评委
2004　获 2004 年 WA 中国建筑奖
2006　获第四届中国建筑学会建筑创作奖
2006　获第六届中国建筑学会青年建筑师奖
2006　获第一届上海市建筑学会建筑创作奖
2006　参加上海青浦小西门“黄盒子 · 青浦，中国空间里的当代艺术”展
2007　参加上海“40 位小于 40 岁的华人建筑设计师作品”展
2008　参加布鲁塞尔“建筑乌托邦 2，中国新锐建筑师作品”展
2008　参加巴黎“状态，中国新生代建筑师”展
2008　获第五届中国建筑学会建筑创作奖
2008　获 2008 年美国《商业周刊》/《建筑实录》中国建筑奖最佳公共建筑
2009　获 2009 年教育部优秀勘查设计一等奖
2009　参加法兰克福“当代中国建筑图片展”
2011　获第六届中国建筑学会建筑创作奖
2011　参加香港 · 深圳城市 / 建筑双城双年展
2012—　同济大学建筑与城市规划学院客座教授

水雁飞

1999—2004
同济大学建筑城规学院，建筑学学士
2004—2007
同济大学建筑城规学院，建筑学硕士
2007—2009
普林斯顿大学建筑学院，建筑学硕士，美国新泽西州
2010—2011
建筑师，荷兰大都会建筑事务所 OMA，鹿特丹
2012—　创立直造建筑设计工作室，并担任主持建筑师

致谢

本书上一辑《小菜场上的家：同济大学建筑与城市规划学院 2010 级实验班 2012 年秋季作业集》于 2014 年 3 月出版后，被《建筑学报》书评栏目录入（2014/05），在此我们要感谢撰写书评的刘东洋博士及《建筑学报》编辑部。

为了使读者能够更加清晰明了地读懂书中每一个作业的图纸，我们没有在书中直接引用教学中最终成果的图纸，而是按出版幅面对设计作业的图纸进行了大幅度简化和加工，希望这样可以呈现出每个设计方案更加本质的一面。为此，我们首先要感谢同济大学建筑与城市规划学院 2011 级实验班 21 位同学在课程期间的倾心投入以及课程后为本次出版所付出的辛苦和努力。感谢 2011 级实验班黄艺杰先生为此次图纸加工活动所做的辛苦组织工作，以及 2011 级实验班陈迪佳小姐所参加的配合工作。感谢钱晨小姐承担了对所有图纸进行进一步加工和整理的繁杂工作。

本书将围绕教学活动展开的评图及对谈精简总结后展示给读者。这些内容不仅是对具体设计作业的评判，更是教师之间对于当代中国建筑教育及建筑设计的一次交流。它们为课程的有效推进以及后续课程的改进起到了非常大的作用。为此，我们由衷地感谢阿克米星的庄慎先生、大舍建筑的陈屹峰先生、旭可建筑的刘可南先生、马德里理工大学的拉斐尔 · 古里迪 · 加西亚教授、同济大学童明教授等老师参加课程的评图。张永和教授是实验班的领衔教授，他不但参加课程教学，而且对课程的专业方向进行把控。我们向他表示感谢。

无论是实验班的设计教学，还是本书的出版都是在同济大学建筑与城市规划学院的教学体系下进行的，并得到了学院的全力支持。吴长福教授、李振宇教授和黄一如教授始终关心着本次教学及本书的出版。李教授为本书撰写了序。学院中的许多老师也为本书付出了诸多辛苦，我们对他们表示感谢。

董晓小姐、陈又新先生、袁烨小姐、钱晨小姐、张学磊先生对课程的进展进行了全过程记录，并将记录结果在网络“明成教室”中公开展示。董晓小姐、钱晨小姐、陈又新先生、袁烨小姐做了最后评图以及教学讨论的录音及文字整理工作。钱晨小姐对调研作业“城市微更新”的图纸及文字进行了整理。肖潇先生对模型照片整理和编辑。陈又新先生与黄艺杰先生在寒冬中协助我们在室外对所有作业的模型进行了统一拍摄。本书还得到张维先生、蔡峰先生、赵娟小姐、范蓓蕾小姐、王欣小姐、杨爽小姐、周娴隽小姐在资料提供方面的热情帮助。在此一并向他们表示感谢。

感谢秦蕾编辑及晁艳、李争在出版、排版工作中的付出。

我们要感谢肖潇先生。他在本书各个环节中做出很多的协调工作。

作为“小菜场上的家”教学系列书中的第二辑，我们希望本书依然是一个开始。我们以这本书作为一个阶段性的总结，并争取在后续“小菜场上的家”课题中探索出更多的成果。

作者

2015 年 3 月 20 日于上海

图书在版编目（C I P）数据

小菜场上的家 . 第 2 辑，建筑教学的共性和差异 / 王方戟，张斌，水雁飞著 . -- 上海：同济大学出版社，2015.12

（建筑教育前沿丛书 / 支文军主编）

ISBN 978-7-5608-5853-1

Ⅰ . ①小… Ⅱ . ①王… ②张… ③水… Ⅲ . ①城市规划 - 高等学校 - 教学参考资料 Ⅳ . ① TU984

中国版本图书馆 CIP 数据核字 (2015) 第 118458 号

建筑教学的共性和差异——小菜场上的家 2

同济大学建筑与城市规划学院 2011 级实验班 2013 年建筑设计作业集

王方戟 张斌 水雁飞　著

出品人：支文军

策划：秦蕾 / 群岛工作室

责任编辑：秦蕾

特约编辑：晁艳　李争

责任校对：徐春莲

装帧设计：typo_d

版 次：2015 年 12 月第 1 版

印 次：2015 年 12 月第 1 次印刷

印 刷：上海中华商务联合印刷有限公司

开 本：889mm × 1194mm 1/24

印 张：11.5

字 数：359 000

ISBN　978-7-5608-5853-1

定价：42.00 元

出版发行：同济大学出版社

地 址：上海市杨浦区四平路 1239 号

邮政编码：200092

网 址：http://www.tongjipress.com.cn

经 销：全国各地新华书店

光明城

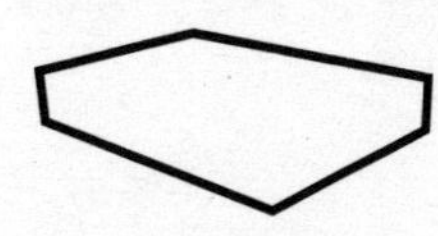

LUMINOCITY

"光明城"是同济大学出版社城市、建筑、设计专业出版品牌，由群岛工作室负责策划及出版，致力以更新的出版理念、更敏锐的视角、更积极的态度，回应今天中国城市、建筑与设计领域的问题。